T0219736

Physik begreifen – besser konstruieren

Michael Brand · Kevin Baur · Severin Brunner
Christof Gebhardt

Physik begreifen –
besser konstruieren

8 Rezepte für besseres Konstruieren
dank Physics Driven Design

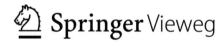

Michael Brand
Uzwil, Schweiz

Kevin Baur
Uzwil, Schweiz

Severin Brunner
Steckborn, Schweiz

Christof Gebhardt
Wasserburg, Deutschland

ISBN 978-3-662-60823-4   ISBN 978-3-662-60824-1 (eBook)
https://doi.org/10.1007/978-3-662-60824-1

Die Deutsche Nationalbibliothek verzeichnet diese Publikation in der Deutschen Nationalbibliografie; detaillierte bibliografische Daten sind im Internet über http://dnb.d-nb.de abrufbar.

Springer Vieweg
© Springer-Verlag GmbH Deutschland, ein Teil von Springer Nature 2020

ANSYS und ANSYS Discovery Live sind eingetragene Marken von ANSYS, Inc

Springer Vieweg ist ein Imprint der eingetragenen Gesellschaft Springer-Verlag GmbH, DE und ist ein Teil von Springer Nature.
Die Anschrift der Gesellschaft ist: Heidelberger Platz 3, 14197 Berlin, Germany

Vorwort

Was zeichnet einen „guten" Konstrukteur aus? Diese Frage habe ich mir als Konstruktionsleiter und Dozent in der Technikerausbildung gestellt und stelle sie mir auch heute noch als Geschäftsführer eines Ingenieurbüros immer wieder.

Der „gute" Konstrukteur ist in der Lage, für technische Problemstellungen in kürzester Zeit eine funktionierende Lösung zu erarbeiten, die mit möglichst geringen Herstellkosten umzusetzen ist. Wenn er dabei noch in der Lage ist, z. B. bei mechanischen Aufgaben mit möglichst wenig Material auszukommen, bei strömungstechnischen Aufgaben den Druckverlust zu minimieren und bei wärmetechnischen Aufgaben den Wärmefluss zu kontrollieren – um so besser!

Voraussetzung dafür ist aber, dass er auch die Physik begreift. Dieses Werk ersetzt weder ein Buch über die Konstruktionslehre noch die Physik. Es soll anhand von 8 Rezepten (4 für Strukturmechanik, 3 für Strömungsmechanik und 1 für Wärmetransport) aufgezeigt werden, wie man physikalisches Wissen und Verständnis in den Konstruktionsprozess einbringen kann (Physics Driven Design), um noch bessere Lösungen zu finden. Natürlich ist dafür ein Software-Tool wie Discovery Live von ANSYS bestens geeignet. Man hat die Möglichkeit, den Einfluss von Konstruktionsänderungen sehr schnell zu visualisieren und somit eigene physikalische Überlegungen zu überprüfen. Dieses Überprüfen – somit das Bestätigen oder Widerlegen des eigenen physikalischen Denkens – führt automatisch auch zu einem Lerneffekt.

Die Zielgruppe für dieses Werk sind alle Praktiker: Ob Studenten technischer Fachrichtungen, angehende Konstrukteure oder erfahrene Wissensträger aus der Industrie.

Als mich CADFEM gegen Ende 2018 anfragte, ob ich Interesse hätte, mit Ihnen ein Buchprojekt zu obigem Thema umzusetzen, war ich sofort begeistert dabei. Als Kunde von CADFEM setzen wir Discovery Live für die konstruktionsbegleitende Berechnung und Optimierung und Mechanical für die Erstellung von Festigkeitsnachweisen ein. Es war für mich schon immer sehr wichtig, dass jeder Konstrukteur bei Brand Engineering in der Lage ist, bereits in der Konzeptphase die verschiedenen Varianten physikalisch zu testen. Zudem stellt dies für sie eine Bereicherung dar, die zusätzlich motiviert. Wir stellen immer wieder fest, dass durch diesen Workflow gesamthaft bessere Lösungen gefunden werden. Es können einige Iterationen eingespart werden, weil die Berechnung nicht erst am Ende eingesetzt wird. Die Berechnungsexperten für die Nachweiserstellung erhalten bereits physikalisch viel ausgereiftere Lösungen.

Unser Buch-Team, bestehend aus den Autoren Kevin Baur (Brand Engineering), Severin Brunner (CADFEM), Christof Gebhardt (CADFEM) und mir persönlich und weiteren wichtigen Unterstützern wie Marc Vidal (CADFEM), Markus Dutly (CADFEM), Dominik Bär (Brand Engineering) und Torsten Richter (Brand Engineering) und Margareta Müller (CADFEM) und noch einigen mehr – denen ich an dieser Stelle für die sehr tolle und effiziente Zusammenarbeit Dank sagen möchte, hat innerhalb eines Jahres dieses Buchprojekt realisiert. Natürlich hoffen wir, dass viele Leser ihren Nutzen aus dem Buch ziehen und auch das eine oder andere Aha-Erlebnis haben werden.

Niederuzwil, Schweiz   Michael Brand
Dezember 2019

Inhaltsverzeichnis

Über die Autoren

Michael Brand ist Maschinenbau- und Schweißfachingenieur (SFI/IWE). Er ist Geschäftsführer und Inhaber des Ingenieurbüros Brand Engineering GmbH. Die Brand Engineering GmbH entwickelt Produkte im Bereich Maschinen-, Schienenfahrzeug-, Baumaschinen-, Fahrzeug-, Anlagen- und Apparatebau und Vergnügungsparkanlagen. Die Dienstleistungspalette reicht von der Ideensuche über Berechnungen bis zur Herstellungszeichnung.

Kevin Baur, MSc in Aerospace Dynamics, ist Berechnungs- und Simulationsengineer bei Brand Engineering GmbH. Er verfügt über vertiefte Kenntnisse und Erfahrung im Bereich CFD- und FEM-Simulationen.

Severin Brunner, MSc, ist seit 2017 als Account Manager bei CADFEM für die Kundenberatung und die Projektleitung verantwortlich und bringt viel Erfahrung aus dem Bereich der Konstruktion und Entwicklung mit.

Christof Gebhardt, Dipl. Ing. (FH), verfügt über langjährige Erfahrung als Berechnungsingenieur und hat zahlreiche Unternehmen mit den unterschiedlichsten Anforderungen bei ihrem Einstieg in die FEM-Simulation betreut.

Einleitung

Wir sind überzeugt, dass neben dem Branchenwissen von Experten, die Arbeitsmethodik und die Nutzung von zeitgemäßen Werkzeugen elementar sind, damit Konstruktionsexperten möglichst direkt gute Konstruktionsentwürfe erzielen. Wir sind überzeugt, dass, wenn wir als Konstrukteure die Physik besser verstehen und die Ergebnisse auf einfache und verständliche Weise sichtbar machen können, deutlich bessere Konstruktionen entstehen.

In diesem Buch finden Sie acht Rezepte, die Ihnen helfen werden, typische Aufgaben aus der täglichen Konstruktionsarbeit zu meistern. Darüber hinaus werden Sie viel mehr vom Verhalten des Gesamtsystems verstehen und durch virtuelles Experimentieren mit Varianten die ganze Bandbreite der Lösungsmöglichkeiten ausloten können. „Do more with less" ist unsere Philosophie für die physikbasierte Konstruktion, welche das Buch inhaltlich begleiten wird. Der Ansatz ist einfach: Sie können viel mehr Ideen und Designs in deutlich weniger Zeit bewerten, indem Sie Werkzeuge nutzen, die Ihnen das physikalische Verhalten Ihrer Ideen unmittelbar zeigen, ohne dass Sie auf eine Simulation von einem Experten warten müssen. Die hochwissenschaftliche Genauigkeit ist dabei nicht der Hauptfokus. Ihnen ist viel mehr geholfen, wenn Sie mit wenig Aufwand die richtige Stoßrichtung Ihrer Entwicklung herauskristallisieren können.

Dieses Buch richtet sich an alle am Entwicklungsprozess beteiligten Personen, welche physikalische Systeme gestalten und die Verantwortung für die Entwicklung tragen. Speziell angesprochen sind Konstrukteure, Entwicklungsingenieure und Entwicklungsleiter und jeder, der auf der Suche nach echten Innovationen ist und neue Ideen mit Leichtigkeit in Sekunden testen möchte.

Immer kürzere Entwicklungszeiten und erhöhte Systemkomplexität setzen vernetzte Workflows voraus. Die traditionelle Vorgehensweise, Bauteile mit Erfahrungswerten oder mit Hand-Formeln aus Büchern auszulegen, ist für die meisten Konstruktionsaufgaben nicht mehr leistungsfähig genug. Die Simulation, zum Beispiel basierend auf der

M. Brand et al., *Physik begreifen – besser konstruieren*,
https://doi.org/10.1007/978-3-662-60824-1_1

Finite-Elemente-Methode (FEM) hat den großen Vorteil, dass sie vom Anwender schnell durchgeführt werden kann. FEM ist ein Verfahren zum Lösen von partiellen Differenzialgleichungen. Es wird vor allem für Strukturberechnungen verwendet. In der Fluidmechanik wird unter anderem die Finite Volume Method angewendet. Simulation gehört laut einer Studie von digitalengineering.com zu den drei Toptechnologien der nächsten fünf Jahre, gemeinsam mit Additiver Fertigung und Künstlicher Intelligenz (Cooch 2018).

Es besteht allgemeiner Konsens, dass die numerische Simulation einer der wesentlichen Hebel für kosteneffiziente Produktentwicklung ist. Mit Hilfe der Simulation können relevante Faktoren schneller als mit einem physischen Prototyp herausgefunden werden. Eine Produktentwicklung, die konsequent auf numerische Simulation setzt, um Produkteigenschaften in jeder Produktlebensphase zu erfassen und zu verstehen, ermöglicht eine deutliche Verkürzung der Entwicklungszeit und eine Reduktion der Kosten. Dazu gehören die Kosten für das Produkt selbst, indem zum Beispiel weniger, oder kostengünstigeres Material eingesetzt werden kann. Aber auch eine bessere Abstimmung der Konstruktion auf die Anforderungen der einzelnen Bauteile, womit zum Beispiel Überdimensionierungen verhindert werden können. Weiter erlaubt die Simulation des Herstellprozesses eine optimale Prozessentwicklung und -führung, um zum Beispiel einen höheren Durchsatz zu erreichen. Eng mit dem Design und der Fertigung ist die Betrachtung von Toleranzen verknüpft, um unnötig hohe Anforderungen an die Genauigkeit der Toleranzen zu vermeiden, gleichzeitig aber die geforderte Produktqualität sicher zu erzielen. Durch neue Technologien, wie die Digitalisierung und Vernetzung von Prozessen und Produkten, wird Simulation auch während des Einsatzes eines Produktes möglich. Sogenannte Digitale Zwillinge mit virtuellen Sensoren bieten genaue Einblicke in den aktuellen Produktzustand und bilden damit die Grundlage für optimierte Betriebsparameter und eine prädiktive Wartung, wie sie reale Sensoren nicht, oder nicht wirtschaftlich darstellen können.

Leider waren es bis jetzt fast immer Simulationsexperten, die für die numerische Simulation herangezogen wurden. Der Ideenfinder aber, der sich gar nicht als Simulationsexperte sieht, der eher in der Konstruktion angesiedelt ist und Simulation nur einen Bruchteil seiner Zeit nutzen kann, profitiert von den Vorteilen der Simulation nicht wirklich. Wir zeigen Ihnen in diesem Buch, wie man mit ANSYS Discovery Live das Entwickeln von Ideen bei gleichzeitigem Verstehen der physikalischen Wirkung realisieren kann.

Wir stellen Ihnen für die frühe und in der Regel kreative Phase der Produktentwicklung konkrete Konstruktionsrezepte vor. Die aufgezeigten Möglichkeiten sind unseres Erachtens nicht nur technisch sinnvoll, sondern bereiten zudem auch Freude beim Arbeiten. Der Trick ist, dass wir nicht nur unsere Kenntnisse zur Mechanik und Strömung heranziehen, sondern auch mit ANSYS Discovery Live ein rasant schnelles Werkzeug nutzen, um die Physik unserer Varianten in Sekunden zu visualisieren. Dabei handelt es sich um kein klassisches Simulationswerkzeug, sondern um ein Konstruktionswerkzeug, welches es ermöglicht, die physikalischen Eigenschaften von Designs zu begreifen und durch Verändern der Geometrie zu beeinflussen. Dieses zunehmende Verstehen und Eintauchen in die Varianten liefern uns viele kleine Erfolgserlebnisse, welche die Freude am Experimentieren und am Entwickeln neuer Ansätze vervielfältigt und das alles ohne langwieriges

Iterieren mit einem Simulationsexperten. Der Inhalt dieses Buches bildet nicht die umfassende Lösung für alle Ihre technischen Fragen. Der Anspruch ist vielmehr, Ihnen einen entscheidenden Baustein an die Hand zu geben, um schneller und mit Freude zum gewünschten Ergebnis zu kommen.

1.1 Wie ist dieses Buch aufgebaut

Wir werden zunächst eine grobe Skizze vom Umfeld des Konstrukteurs in Bezug auf die funktionsorientierte Konstruktion und die physikorientierte Modellierung aufzeigen, danach wollen wir Ihnen die Idee unseres „Physics Driven Design" näherbringen. Uns ist bewusst, dass der Themenumfang des Konstrukteurs je nach Branche und Funktion diverse weitere Aspekte beinhaltet. So zum Beispiel die Industrialisierung, die montage- und maschinenparkgerechte Konstruktion, sowie Projektleitungsaufgaben, um nur einige zu nennen. Weiter versuchen wir aufzuzeigen, wo wir die aktuellen Herausforderungen für Unternehmen sehen, und wie wir diesen in der Entwicklung mit dem „Physics Driven Design" begegnen können.

Der Schwerpunkt dieses Buches liegt auf den in der Konstruktion relevanten Konstruktionsgrundlagen und unseren Konstruktionsrezepten, welche phänomenologisch und mit praxisnahen Beispielen in den Kap. 2, 3, 4, 5, 6, 7, 8 und 9 detailliert erklärt werden. Auf leicht verständliche Weise werden verschiedene Aspekte zu den Konstruktionsthemen der Festigkeit, Strömung und Wärmefeldverteilung hervorgehoben. Unser Ziel ist es, dass Sie die Rezepte bzw. deren Anwendung in Ihre Praxis übernehmen können. Dazu gehen wir mit Ihnen jedes Rezept anhand eines Praxisbeispiels durch und entwickeln mit den Erkenntnissen nach und nach die verschiedenen Varianten. Die Rezepte stellen wir Ihnen zur Übersicht an dieser Stelle kurz vor:

Rezepte für mechanische Systeme:
1. Rezept; Zug besser als Biegung
2. Rezept; Biegung – Hebelarm und Flächenmoment beachten
3. Rezept; Torsion – möglichst geschlossene Profile verwenden
4. Rezept; Steifigkeitssprünge vermeiden

Rezepte für fluidmechanische Systeme:
5. Rezept; Geometriesprünge vermeiden
6. Rezept; Umlenkungen geschickt lenken
7. Rezept; Strömungswiderstand reduzieren

Rezept, bei welcher der Wärmetransport bzw. die Kühlung zentral ist:
8. Rezept; Wärmefluss kontrollieren

Alle Beispiele zu den Rezepten können Sie herunterladen.
www.cadfem.net/physik-begreifen-besser-konstruieren-V1.zip

Wir möchten Sie an dieser Stelle gerne motivieren, die Aufgaben selbst nachzuvollzie-
hen, eigene Experimente durchzuführen, und die Physik selbstständig zu entdecken und
zu begreifen, um am Ende bessere Konstruktionen zu erzielen. Die Software können wir
Ihnen zu Testzwecken gerne zur Verfügung stellen.

Wenden Sie sich dazu einfach an discovery@cadfem.de. Einzige Voraussetzung ist,
dass Sie einen Rechner mit einer Nvidia Grafikkarte mit mindestens 4GB RAM. zur Verfügung haben.

Wir wollen Ihnen darüber hinaus aufzeigen, dass agile Projektmanagementansätze
dank der Simulation auch für Konstruktionsaufgaben sehr gut funktionieren. Zum Schluss
des Buches werden wir unsere Sichtweise zum Nutzen und Wert der Simulation darlegen.

1.2   Aufgaben und Tätigkeiten des Konstrukteurs

Gemäß Pahl, Beitz, Feldhaus und Grote ist es die Aufgabe des Konstrukteurs für technische Probleme Lösungen zu finden. Die Lösungen müssen vorgegebene Anforderungen
und Eigenschaften erfüllen. Nach dem Abstimmen und Festhalten der Anforderungen
werden aus anfänglichen Problemen konkrete zu lösende Teilaufgaben, welche durch den
Konstrukteur bearbeitet werden. Kreativität, Kenntnisse und Fähigkeiten des Konstrukteurs bestimmen zu einem wesentlichen Teil die technischen, wirtschaftlichen und ökolo-
gischen Eigenschaften des Produkts beim Herstellen und bei der Nutzung. Konstruieren
ist eine sehr umfangreiche und interessante Entwicklungtätigkeit, welche die Gesetze
und Erkenntnisse der Physik nutzt. Zusätzlich wird auf spezifisches Branchenwissen auf-
gebaut (Pahl ct al. 2005).

Gemäß Pahl ist „das Konstruieren eine schöpferisch-geistige Tätigkeit, die ein sicheres
Fundament an Grundlagenwissen auf den Gebieten der Mathematik, Physik, Chemie, Mechanik, Wärme- und Strömungslehre, Elektrotechnik sowie der Fertigungstechnik, Werk-
stoffkunde und Konstruktionslehre, aber auch Kenntnisse und Wissen des jeweils zu bear-
beitenden Fachgebiets, erfordert. Dabei sind Entschlusskraft, Entscheidungsfreudigkeit,
wirtschaftliche Einsicht, Ausdauer, Optimismus und Teambereitschaft wichtige Eigenschaften, die dem Konstrukteur dienlich und in verantwortlicher Position unerlässlich
sind" (Pahl et al. 2005).

In der Praxis werden heute Konstruktionsentscheidungen noch oft auf Basis von reiner
Erfahrung getroffen, mit dem erheblichen Nachteil, dass zu einem schmerzhaft hohen
Prozentsatz falsch entschieden wird. Die Folgen für ein Unternehmen können dramatisch
sein. Wir sind überzeugt, dass es zielführender ist, Entscheidungen auf Grund von Wissen
und nicht nur auf Basis von Erfahrung zu realisieren. Wir stellen gar die These in den
Raum, dass wir dem anhaltenden Technologiewandel, ohne wissensbasierte Entscheidungen in der Entwicklung von Produkten, gar nicht mehr gewachsen sind, bzw. wir das Potenzial nicht vollumfänglich ausschöpfen. Die Erfahrung kann bei kleinen inkrementellen
Entwicklungen funktionieren, der Technologiewandel jedoch ermöglicht immer radika-
lere Veränderungen. Genau dort kommt die Erfahrung an ihre Grenze. Viele Kunden von

uns bestätigen diese Aussage und sagen, dass sie Ihre Produkte nach jahrelanger Entwicklung und Produktion dank der Simulation nochmals deutlich leistungsfähiger gestalten konnten. Einige Kunden haben sogar neue Wirkprinzipien umsetzen können. **Wir wollen Ihnen als Konstrukteur eine Arbeitsweise aufzeigen, wo echtes Lernen während des Arbeitens möglich ist**. Durch das neu Erlernte werden neue Konzepte möglich. Der Konstrukteur erhält dadurch ein besseres Verständnis des Verhaltens seiner Bauteile. Das Erlernte wird zu wertvollem Wissen verfestigt. Wissen ist in unserem Verständnis deutlich höherwertig als Erfahrung. Dies gründet auf der Überlegung, dass bei starken Veränderungen der Umwelt und Rahmenbedingungen erfahrungsbasierte Entscheidungen weniger sicher sind als wissensbasierte, welche die neuen Bedingungen berücksichtigen.

1.3   Simulation in der Konstruktion

Anfang des letzten Jahrhunderts wurden Zeichenbrettsysteme zur Effizienzsteigerung in den Konstruktionsbüros genutzt. Ende der 70er-Jahre wurden CAD Systeme entwickelt und im Markt eingeführt. Seit kurzem sind live Simulationen möglich. Gemäß der langjährigen Marktbeobachtung von Markus Dutly, dem Geschäftsführer der CADFEM (Suisse) AG, hat die Computer Aided Engineering (CAE) Software-Industrie vor über 30 Jahren den Konstrukteuren erklärt, dass die Zeit gekommen sei, selbst zu simulieren. Vor 20 Jahren war die Zeit schlicht noch nicht reif dafür, denn die Tools waren zu umfangreich in der Bedienung und konnten deutlich zu wenig. Der Nutzen konnte nicht von den Konstrukteuren, sondern nur von den Berechnungsspezialisten realisiert werden. Vor 15 Jahren wurden FEM Programme in die CAD-Welt integriert. Dies bedeutete jedoch noch nicht, dass die Aufgabenstellungen einfacher zu lösen waren. Der Erfolg blieb in den meisten Unternehmen aus. Wir haben uns die grundlegende Frage gestellt, weshalb die Konstrukteure bisher keine bzw. wenig Simulation nutzten. Folgende Argumente halten wir für wesentlich:

- Aufwändig zu erlernender Simulations-Software und fehlende Routine
- Die Simulation dauert zu lange, besonders hinderlich in der Ideenphase.
- Der kreative Gedankenfluss wird durch die Simulations-Wartezeiten gestört
- Zu kompliziert in der Handhabung
- Zu teuer in der Beschaffung und im Unterhalt
- CAD-integrierte Tools sind typischerweise nicht leistungsfähig genug
- Schwierig, fehlerfrei von der Idee zur Validierung zu gelangen.
- Kein oder zu wenig fachlicher Austausch zwischen Konstrukteuren und Experten

Mit Live Simulationen werden diese Argumente nahezu hinfällig.

Als Mitgestalter für die Basis der heutigen Konstruktionsmethoden können unter anderem die Arbeiten von Kesselring und Leyer genannt werden. Bereits 1942 hat Kesselring in seiner Schrift „Die starke Konstruktion" Grundzüge eines konvergierenden Näherungsverfahrens veröffentlicht (Kesselring 1942). Das waren Grundüberlegungen der Simulationsnumerik der heutigen Simulationswerkzeuge. Das Vorgehen ist in wesentlichen Punkten in der VDI Richtlinie 2225 zusammengefasst. Kern des Vorgehens ist die Bewertung von erarbeiteten Konstruktionsvarianten mit technischen und wirtschaftlichen Beurteilungskriterien. In seiner Gestaltungslehre gibt Kesselring fünf grundsätzliche Gestaltungsprinzipien an. Zum einen das Prinzip der minimalen Herstellkosten – dann das Prinzip vom minimalen Platzbedarf – des Weiteren das Prinzip vom minimalen Gewicht (Leichtbau) – aber auch das Prinzip von minimalen Verlusten – sowie das Prinzip der günstigsten Handhabung zur Gestaltung und Optimierung von Einzelteilen. Damit können unter anderem Bauteilabmessungen, Werkstoffwahl, Fertigungsverfahren und die Geometrie ermittelt werden.

Zusammenfassend kann gesagt werden, dass die Gestaltungsregeln und konstruktiven Hinweise von Leyer deshalb besonders wertvoll sind, weil in der Konstruktionspraxis nach wie vor die Feinheit im Detail steckt und Problemfälle nicht unbedingt durch ein schlechtes Lösungsprinzip, sondern häufig durch eine ungünstige Dimensionierung verursacht werden (Leyer 1963–1971).

Einer der wichtigsten Aspekte aus unserer Sicht ist, dass der Konstrukteur die Konstruktionsentwürfe belastbar bewerten und vergleichen kann. Es ist unerlässlich zu verstehen, weshalb der eine oder andere Entwurf favorisiert werden soll. Damit die Umsetzung kein reines Bauchgefühl bleibt, braucht es dazu Werkzeuge, die wirklich mit großer Selbstverständlichkeit genutzt werden. Das von uns bevorzugte Werkzeug hierfür ist ANSYS Discovery Live, dass eine bisher bestehende Lücke schließt. Der Konstrukteur kann mit Hilfe dieses Instruments die verschiedenen Konstruktionsentwürfe quasi mit einem Fingerschnippen physikalisch bewerten.

Um physikalische Effekte zu verstehen, musste das Konzept bislang mittels der klassischen FEM-Simulationsmethode, oder durch reale Prototypen überprüft werden. Beide Prozesse benötigen Zeit. Die klassische Simulation benötigt in der Regel deutlich weniger Zeit als das Erstellen eines physischen Prototyps. Die Dauer ist jedoch stark vom zu entwickelnden System abhängig. Fakt ist, dass der Gedankenfluss durch diese erforderliche Prototypenerstellung empfindlich unterbrochen wird. Das bewusste und schrittweise Vorgehen ist dem Menschen sehr nahe. Man empfindet es als intuitives Vorgehen. Die durch die Intuition getriebenen Konstruktionsschritte können mit einer Live Simulation sofort und belastbar bewertet werden. Das heißt, die Intuition des Konstrukteurs wird damit viel besser für die Lösung von Einzelproblemen erschlossen. Es ist von großem Vorteil, wenn der schöpferische und kreative Gedankenfluss während des Entwickelns nicht unterbrochen wird. Dieser Ansatz verändert das Arbeiten in der Konstruktion nachhaltig. Discovery Live verfügt über eine aufregende, clevere Technologie, welche es erlaubt, während des Skizzierens im Geometrie-Modell die physikalischen Eigenschaften sofort als Ergebnis sichtbar zu machen. Dazu waren bis vor kurzem noch Computercluster mit Tausenden von CPU Kernen notwendig. Nur so konnte eine unmittelbare Antwort des Einflusses von Designmodifikationen z. B. auf den Luftaustausch im Fahrzeuginnern sichtbar gemacht werden, oder die Veränderung der Geometrie eines vielflächigen Gussbauteils, bei welchem die Spannungsspitzen reduziert werden müssen.

Wir werden aufzeigen, dass wir in der ersten Phase der Konstruktion, der Designfindungs- und Konzeptphase, die Vorteile der physikalischen Modellbildung mit der Erzeugung des Designs kombinieren können. Der Konstrukteur kann durch die Nutzung der Software noch während des konstruktiven Arbeitens Variante für Variante lernen und seine Erfahrungen anreichern, oder gar korrigieren.

1.4   Physics Driven Design

Unter Physics Driven Design verstehen wir eine Vorgehensmethodik, welche die physikalischen Effekte während des Erzeugens von Konstruktionsvarianten unter Verwendung der Simulation, direkt berücksichtigt und als Ergebnis live visualisiert. Das hört sich verrückt an, aber genau das ist mit Live Simulationen möglich. Mit dem im Buch genutzten und vorgestellten Geometrie- und Simulationswerkzeug können wir diesem Grundgedanken sehr gut gerecht werden. Ziel des Konstrukteurs ist es typischerweise wie im Abschn. 1.2 erwähnt, in kurzer Zeit, den Anforderungen entsprechende Lösungen zu liefern. Die Überprüfung der Anforderungserfüllung geschieht beim Physics Driven Design praktisch gleichzeitig mit der Gestaltung der Bauteile. Das ist ein Novum und war bisher schlicht nicht möglich. Der Konstrukteur selbst kann belastbare Resultate erzeugen und ist im ersten Schritt nicht auf einen Simulationsexperten, oder auf Ergebnisse aus einem Experiment angewiesen. Durch die Berücksichtigung der Physik während des Konstruierens und Entwickelns, können Sie die verschiedenen Designs gegeneinander bewerten. Zudem sind automatische Parameterstudien möglich. Das bedeutet, dass Sie die Geometrien automatisch variieren können. Das Design kann somit im möglichen Designraum automatisch über die verschiedenen Designpunkte auf ein besseres Design hin untersucht werden. Mit Live Simulation können Sie sowohl Struktur- und Eigenfrequenzanalysen als auch Strömungs- und Temperaturuntersuchungen durchführen.

Das modellbasierte Vorgehen zum Konstruktionsentwurf bietet durch die Nutzung der physikalischen Modellbildung und der rechnerunterstützten Analyse wichtige Zeit- und Kostenvorteile. Früher benötigte die Modellbildung zunächst Zeit und verursachte Kosten, ermöglichte jedoch, bezogen auf den gesamten Entwicklungsprozess, enorme zeit- und kostensparende Effekte. Heute entfällt der Initialaufwand für das physikalische Modell, weil dieser Vorgang direkt innerhalb der Live Simulation geschieht. Das Verhalten eines Systems oder eines Bauteils ist bereits vor der Fertigstellung des ersten Prototyps über realitätsnahe Simulationsmodelle analysier- und optimierbar. Somit können Iterationen zur Absicherung der Produkteigenschaften bereits in einem frühen Entwicklungsstadium virtuell erfolgen. Das Produkt verfügt über eine höhere Produktreife. Der Prototyp und das finale Produkt entsprechen im Idealfall dem virtuellen Modell. Wie in Abb. 1.1 dargestellt, werden aus dem Geometrie-Modell direkt die Ergebnisse visualisiert.

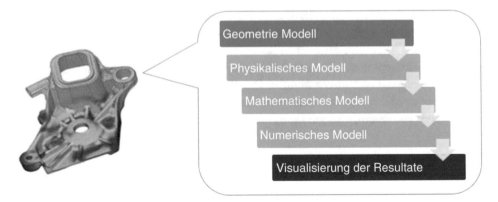

Abb. 1.1 Discovery Live vereint alle relevanten Modelle

Live Simulationen beinhalten alle technisch relevanten Modelle, ohne dass sich der Konstrukteur darum kümmern muss. Der Fokus im Designprozess soll auf dem kreativen Lösen des Problems liegen und nicht auf dem Erstellen des numerischen Modells. Das einzige, was der Konstrukteur selbst erstellen muss, ist die Geometrie und die Angaben, welche Randbedingungen für das System relevant sind.

Um Physics Driven Design in Ihrer Firma zu etablieren, müssen Rahmenbedingungen erfüllt sein. Unserer Meinung nach beinhaltet dies die Fachkompetenz der Konstrukteure, unter welcher wir die Kenntnisse der technischen Mechanik, der Festigkeitslehre, Grundlagen der Physik und der Konstruktionslehre verstehen, sowie vom Management gestützte organisatorische Aspekte. Damit der Nutzen der Simulation für das Unternehmen erschlossen werden kann, ist es wichtig, dass das Management diesen Transformationsprozess unterstützt. Dazu gehört, dass die benötigte Zeit für die Mitarbeiter, die richtige Software und die Ausbildung der Mitarbeiter ermöglicht wird. Es ist notwendig am Anfang in den Dialog mit der gesamten Zielanwendergruppe zu treten. Die Demokratisierung der Simulation ist ein wichtiger Treiber, um in der Konstruktion künftig noch bessere Designs zu generieren und ist heute ein zentraler Baustein die unternehmerischen Ziele sicher zu erreichen

Die weiteren Entwicklungen von ANSYS Discovery Live sind noch nicht absehbar, aber im Hintergrund wird diese Technologie mit Hochdruck vorangetrieben. Wir erachten die neuen Möglichkeiten als riesige Chance im Produktentwicklungsprozess, wer sie nutzt hat einen wichtigen Wettbewerbsvorteil. Die wichtigsten Vorteile aus Sicht der Autoren sollen hier aufgezählt werden.

- Live-Simulation für eine schnelle Designbewertung
- Höchste Benutzerfreundlichkeit und bewährte ANSYS-Technologien
- Integrierte Geometriemodellierung, Designstudien und Optimierungen realisierbar
- Mehrere physikalische Domänen können untersucht werden

- Bessere Produkte durch verstärkten Einsatz von Simulation zu einem früheren Zeitpunkt im Entwicklungszyklus.
- Schnellere Produktentwicklung durch Reduzierung der Wartezeit auf Testergebnisse.
- Bessere Ressourcennutzung – Experten können die freiwerdende Zeit nutzen für die komplexere Aufgaben.
- Geringere Kosten durch Reduktion von Prototypen und Tests.
- Kultivierung der Fachkenntnisse bei den Konstrukteuren während des Arbeitens.
- Stärkung der Entwicklungskompetenzen des Unternehmens.

Diese Vorteile können mit einem überschaubaren Aufwand in die tägliche Konstruktionsarbeit eines jeden Unternehmens eingebracht werden.

1.5   Herausforderungen am Markt

Viele Branchen sind heutzutage mit der steigenden Kommodifizierung ihrer Produkte und Leistungen konfrontiert. Die Folge ist ein hoher Preis- und Wettbewerbsdruck, sowie sinkende Margen und Deckungsbeiträge. Eine Erscheinung, die nicht nur den Massenmarkt, sondern auch den Anlagen- und Maschinenbau betrifft. Auch technologische und innovative Produkte unterliegen immer schneller einer technischen und qualitativen Standardisierung. „Begeisterungsbedürfnisse werden schneller zu Leistungs- oder gar Basisbedürfnissen" (Rinn und Zollenkop 2014). Das heißt für Unternehmen, dass Kunden begeistert werden müssen, damit Unternehmen überlebensfähig bleiben.

Interessant scheint, dass die meisten Produkte basierend, auf deren Begeisterungsleistung wahrgenommen werden. Die Begeisterungsbedürfnisse werden durch die Begeisterungsleistung befriedigt. Dies geschieht selbstverständlich durch marktgerechte Qualität der Produkte, aber auch durch ein gewieftes Marketing und zufriedene Bestandskunden. Was zuerst noch begeistert hat, wird heute in kurzer Zeit zum Leistungs-Feature, welches vom Kunden erwartet wird. In anderen Worten, was den Kunden heute begeistert, ist in Zukunft Standard und wird vorausgesetzt. Unternehmen sind gefordert, die Differenzierung über neu gestaltete begeisterungsfähige Features zu leisten. Neue Marktteilnehmer werden wettbewerbsfähig, während etablierte Anbieter sukzessive austauschbar werden.

Die Studie von Roland Berger Strategy Consultants und dem Internationalen Controller Verein zeigt, dass rund 60 Prozent der befragten Firmen vom Phänomen der Kommodifizierung betroffen sind. Nimmt die Standardisierung generell zu, so wird auch der Hochtechnologiebereich immer öfter mit dieser Tatsache konfrontiert sein. Bereits 20 Prozent der befragten Unternehmen sind von der Kommodifizierung ihrer High-End-Produkte betroffen (Rinn und Zollenkop 2014).

Die Komplexität der Produkte steigt und durch die dezentrale, internationale Unternehmens-, Lieferanten- und Vertriebsstruktur, ergeben sich erweiterte Herausforderungen. Neben dem globalen Wettbewerb, nehmen auch die Kundenansprüche zu, welche die Rahmenbedingungen für das Unternehmen zusätzlich verändern. Gleichzeitig erfordert das heutige Marktumfeld kürzere Innovations- und Produktlebenszyklen. Um den Märkten gerecht zu werden, versuchen Unternehmen mittels Produktentwicklungsworkflows, der stetig wachsenden Komplexität gerecht zu werden. Ein zentraler Aspekt ist dabei, welche Fähigkeiten, Kernkompetenzen, Ressourcen, Entwicklungswerkzeuge und Vorgehensmethoden bei den Produktentwicklungsinvolvierten vorhanden sein müssen, um nachhaltige Wettbewerbsvorteile für die Unternehmung zu generieren. Unternehmen benötigten für die Zukunft adäquate Entwicklungsansätze, um die innovativen Produkte, welche in der Entwicklung vorangetrieben werden, schneller und mit dem erforderlichen Reifegrad auf den Markt zu bringen. Die Grundüberlegung der Konstruktionsarbeitsweise, die Art und Weise, wie wir Produkte und Teilsysteme entwickeln, können auf folgende vier Erfolgsfaktoren, welche Reichwald und Piller im Zusammenhang mit den erhöhten Wettbewerbsvorteilen durch die Innovationskraft beschrieben hat, zusammengefasst werden (Reichwald und Piller 2009).

Projektbearbeitungszeit: beschreibt den Zeitraum vom Beginn der Entwicklung eines Produktes bis zu dessen Markteinführung. Eine mögliche Reduktion der Entwicklungszeit könnte zum Beispiel auf der Umsetzung des Physics Driven Design in der Konstruktion basieren. Die Simulation hilft, Zeit und Prototypen einzusparen.

Produktkosten: Den produktverantwortlichen Experten sprechen wir hier eine wichtige Rolle zu. Diese müssen Kostenziele fokussieren und es der Belegschaft ermöglichen, an diesen mit den richtigen Werkzeugen in einem zeitgemäßen Workflow zu arbeiten. Dadurch kann die Effektivität und somit auch die Effizienz gesteigert werden.

Marktgerechtes Produkt: Aus Sicht eines Herstellers verbessern sich die Chancen einer hohen Marktpräsenz, wenn die Qualität zunimmt. Dies kann ebenfalls durch Physics Driven Design in der Entwicklung realisiert werden. Um zu verstehen, was den Kunden wirklich begeistert, muss man in der Entwicklung auf die Kunden zugehen und deren Bedürfnisinformationen einholen und in die Entwicklung einfließen lassen. Physics Driven Design kann helfen, die Bedürfnis- und Anforderungsdiskussion zielgerichtet zu unterstützen, indem Ideen sehr gut visualisiert werden können.

Produkt mit Neuheitsgrad, welches als echte Innovation wahrgenommen wird: Aus dem traditionellen, geschlossenen Entwicklungsprozess entspringen häufig nur inkrementelle Innovationen, oder generell Produkte, welche keine radikalen Neuansätze in der Produktgestaltung aufweisen. Simulation hilft, neue Konzepte und gar neuen Wirkprinzipien, welche von innen oder außen kommen, mit überschaubarem finanziellem Risiko zu prüfen.

Einen fünften Erfolgsfaktor, *Qualität der Leistung* möchten wir ergänzen. Der Erfolg von Innovationen basiert auf der vom Markt geforderten Qualität der bisherigen Features. Diese werden in der Entwicklung definiert und gestaltet. Aufbauend auf dieser Qualität kommen die anderen vier Erfolgsfaktoren erst zum Tragen.

Qualität der Leistung: Die Qualität des Produktes ist elementar, um die weiteren Verkaufsargumente, wie innovative Features, überhaupt zum Tragen zu bringen. Eine hervorstechende Qualität ist erforderlich, um die innovativen Features, welche einen echten Zusatzkundennutzen darstellen sollen, überhaupt ins richtige Licht zu stellen. Die Basis der meisten nutzbringenden Entwicklungen basieren auf einer tadellosen Produkteinführungs-qualität. Simulation in der Entwicklung wird immer mehr zum unabdingbaren Instrument, um diesen Anforderungen überhaupt gerecht zu werden. Durch die Eigenschaftsabsiche-rung des Produktes durch virtuelle Prototypen kann die Treffsicherheit bezüglich Nutzen-akzeptanz, und somit der wahrgenommenen Produktqualität auf dem Markt, deutlich er-höht werden.

1.6   Simulation macht agil und stärkt die Kernkompetenzen

Wie Stark in seiner Veröffentlichung „Simulation macht agil: Der Agile Coach. Der F&E Manager" schreibt, erfordert „die Digitalisierung eine strategische Neuausrichtung auch in der Produktentwicklung oder in der Regel mindestens eine Adaption der bestehenden Prozesse" (Stark 2018). In agilen Projekten wird gefordert, im kurzen Takt, dem soge-nannten Sprint, ein Zwischenprodukt und seine Eigenschaften zu demonstrieren. Ein Sprint dauert in der Regel über eine Zeitspanne von ein bis drei Wochen. Für Hardware-produktprojekte gestaltet sich das schwieriger als für Softwareprojekte, bei denen agile Methoden schon länger zum Einsatz kommen. Das liegt unter anderem an dem meist ho-hen Aufwand für Hardware-Prototypen und die nachfolgenden Tests, wofür oft mehrere Sprintphasen benötigt werden. Viele Unternehmen haben bereits erkannt, dass virtuelle Prototypen der Schlüssel zur Meisterung dieser Anforderungen sind. Voraussetzung ist die Simulation, um Tests insbesondere in der frühen Entwicklungsphase ersetzen zu können, und um Konzeptentscheidungen basierend auf Simulationsergebnissen zu treffen. Ist die Simulation extrem schnell und reagiert unmittelbar auf die Änderungen an der Konstruk-tion, sind plötzlich mehrere Design- und Simulationsiterationen innerhalb eines Sprints zu schaffen.

Moderne, agile Projektmanagementansätze, welche aus der Softwareentwicklungsum-gebung geprägt wurden, können dank der Simulation ebenso in klassischen Maschinen-bau- und Konstruktionsdisziplinen angewendet werden. Die zeitnahe Bewertung der Kon-zepte ermöglicht erst den agilen Projektbearbeitungsmodus. Wird die Simulation in den Produktentstehungsprozess fest etabliert, können Antworten gefunden werden, welche die Zeitanforderungen des „agilen Sprints" auch für komplexere mechanische Produkte unter-stützen, was durch Prototypen und Versuche allein nicht gelingen würde. Gezielte Versu-che sind weiterhin zum Abgleich bei der Entwicklung der Simulationsmodelle sinnvoll, um deren Zuverlässigkeit und Reifegrad laufend zu verbessern.

Durch Lerneffekte können die Fähigkeiten der Mitarbeiter und dadurch in Summe auch die Kernkompetenzen im Unternehmen gepflegt bzw. weiter ausgebaut werden. Eine Kernkompetenz ist nicht eine Einzelfertigkeit einer Person, welche ausgesprochen gut ausgeprägt ist, sondern es ist ein Bündel von Fähigkeiten eines Teams und beherrschbaren Technologien. Wie Hamel definiert: „Eine Kernkompetenz stellt die Summe des über ein-zelne Fähigkeitsbereiche und einzelne Organisationseinheiten hinweg Erlernten dar" (Ha-mel und Prahalad 1997).

Friederich und Hinterhuber beschäftigen sich seit Jahren mit dem Thema Kernkompetenz und halten fest: „Ressourcen rücken als Quelle von Wettbewerbsvorteilen und ökonomischen Gewinnen in den Mittelpunkt". Besonderes Gewicht liegt dabei auf „wissensbasierten Ressourcen, allem voran auf sogenannten Kernkompetenzen" (Friedrich und Hinterhuber 1997). Durch das Lernen werden die Fähigkeiten der Menschen in der Entwicklung gestärkt und in kurzen Sprints werden belastbare Ergebnisse erzeugt. Das ist wie erwähnt kurzfristig zielführend für die aktuellen Konstruktionen und stärkt langfristig das Wissen in der Entwicklungsabteilung.

Eine durch die Kernkompetenzen hervorgebrachte Leistung wird vom Kunden als Wert wahrgenommen werden. Diese Leistung muss dem Kunden einen wesentlichen Nutzen stiften. Das bedeutet auch, dass der Kunde den Mehrwert anerkennt. Deshalb ist es wichtig, die Bedürfnisse des Kunden zu kennen. Die durch Simulation erzeugten Ergebnisse können im Team auf agile Weise gemeinsam betrachtet werden und auf Tauglichkeit geprüft werden. Löst das favorisierte Design die geforderten Aufgaben unter Einhaltung der physikalischen Forderungen wie z. B. das Einhalten einer maximalen Spannung oder eines bestimmten Druckverlustes? Diese Fragen können jetzt deutlich besser beantwortet werden. Das Physics Driven Design mittels live Simulation ermöglicht die agile Arbeitsweise in der Konstruktion und kann die Kernkompetenzen im Unternehmen nachhaltig stärken.

Literatur

Cooch J (2018) 5 Engineering technologies to focus on in the next 5 years. https://www.digitalengineering247.com/article/forward-thinking/. Zugegriffen am 15.08.2019

Friedrich S, Hinterhuber H (1997) Markt- und ressourcenorientierte Sichtweise zur Steigerung des Unternehmungswertes. In: Hahn D, Taylor B (Hrsg) Strategische Unternehmungsplanung/Strategische Unternehmungsführung. Springer Gabler, Heidelberg, S 988–1016

Hamel G, Prahalad C (1997) Wettlauf um die Zukunft, Wie Sie mit bahnbrechenden Strategien die Kontrolle über Ihre Branche gewinnen und die Märkte von morgen schaffen. Wirtschaftsverlag Carl Ueberreuter, Wien

Kesselring F (1942) Die starke Konstruktion. VDI-Z. 86. VID, Düsseldorf, S 321–330 und 749–752

Leyer A (1963–1971) Maschinenkonstruktionslehre. Hefte 1–6 technica-Reihe. Birkhäuser, Basel

Pahl G, Beitz W, Feldhusen J, Grote KH (2005) Konstruktionslehre. Grundlagen erfolgreicher Produktentwicklung Methoden und Anwendung. Springer Gabler, Berlin/Heidelberg/New York

Reichwald R, Piller F (2009) Interaktive Wertschöpfung – Open Innovation, Individualisierung und neue Formen der Arbeitsteilung. Springer Gabler, Wiesbaden

Rinn T, Zollenkop M (2014) Wege aus der Commodity-Falle, Erschließung neuer Wettbewerbsvorteile in Commodity-Märkten. http://www.rolandberger.de/expertise/funktionale_expertise/innovative_product_engineering/2014-04-22-rbsc-pub-Wege_aus_der_Commodity_Falle.html. Zugegriffen am 10.04.2014

Stark T (2018) Simulation macht agil: Der Agile Coach. Der F&E Manag 70–72, Ausgabe 04/2017

Zug besser als Biegung

Man unterscheidet in der Festigkeitslehre grundsätzlich 5 Grundbeanspruchungsarten im Querschnitt eines Bauteiles: Zug-, Druck-, Biege-, Schub- und Torsionsbeanspruchung. Diese können einzeln oder oftmals überlagert vorliegen.

Für die jeweilige Beanspruchungsart gibt es geeignete und weniger geeignete Querschnittsflächen (Profile), die auf den Materialaufwand entscheidenden Einfluss haben. Wenn es bei Zugbeanspruchung hauptsächlich um die Querschnittsfläche geht, hat bei Biegebeanspruchung die Form des Querschnittes einen dominanten Einfluss auf die Tragfähigkeit.

Darin liegt der Grundgedanke dieses Rezeptes: Wenn möglich, sollten Kräfte möglichst auf direkten Wegen durch ein Bauteil geleitet werden und somit möglichst reine Zug-/Druckbeanspruchung bewirken. Sobald Kräfte in Bauteilen umgelenkt werden, entsteht eine Biegebeanspruchung, die dann zwangsmäßig zu einer materialaufwendigeren Gestaltung des Bauteiles führt.

Beim Anwendungsbeispiel wird anhand eines Wanddrehkranes gezeigt, wie relativ dünne zugbelastete Stäbe einen höherbelasteten Biegeträger wirksam entlasten können. Dadurch kann durch eine kleinere Dimensionierung deutlich Material eingespart werden.

2.1 Grundlagen

Produkte (Maschinen, Baugruppen, Bauteile etc.) müssen immer so entwickelt werden, dass sie so funktionssicher und kostengünstig wie notwendig produziert werden können. Dabei treten hinsichtlich der Gestaltung Widersprüche auf, da sich eine erhöhte Funktionssicherheit (Werkstoffqualität, Fertigungsgenauigkeit, …) immer auf die Kosten niederschlägt.

© Springer-Verlag GmbH Deutschland, ein Teil von Springer Nature 2020
M. Brand et al., *Physik begreifen – besser konstruieren*,
https://doi.org/10.1007/978-3-662-60824-1_2

Es gibt verschiedene Gestaltungsprinzipien, die eine funktionssichere und kostengünstige Gestaltung erleichtern. Das Prinzip der Kraftleitung

- strebt mittels geeigneter Werkstoffwahl und einer optimalen Form des Bauteiles eine überall gleiche Ausnutzung der Festigkeit an, und
- bewirkt ein Minimum an Werkstoffaufwand, Volumen, Gewicht und Verformung.

Zusammenfassend leitet sich daraus die Regel ab:

Ist eine Kraft oder ein Moment von einer Stelle zu einer anderen bei möglichst kleiner Verformung zu leiten, dann ist der direkte und kürzeste Kraftleitungsweg der zweckmäßigste. Die direkte und kurze Kraftleitung belastet nur wenige Zonen.

Oder: Zug ist besser als Biegung.

2.1.1   Grundbeanspruchungsarten

Wenn auf ein Bauteil eine äußere Kraft wirkt, entstehen innere Lasten im Bauteil, um einen Bruch oder Verformung zu verhindern. Die Bestimmung der inneren Lasten ist entscheidend um die Spannungen eines Bauteiles zu bestimmen. Eine verbreitete Methode ist dabei das Schnittverfahren. Dabei wird das Bauteil an einer Stelle geschnitten. Die inneren Kräfte und Momente an der Schnittfläche müssen die äußeren Kräfte ausgleichen. Dabei wird zwischen Normalkräften, die normal (senkrecht) zur Schnittfläche stehen, und den Schubkräften, die entlang der Schnittfläche verlaufen, unterschieden. Zusätzlich können auch Biege- und Torsionsmomente an der Schnittfläche wirken.

Um die Spannungen in einem Bauteil zu bestimmen, müssen auch die entsprechenden Flächenkennwerte (Fläche, Flächenmoment zweiten Grades) bekannt sein. Wenn die Spannungen bekannt sind, können sie mit den Materialeigenschaften verglichen werden, um zu beurteilen ob das Bauteil der ausgesetzten Belastung standhält.

In der Mechanik werden fünf Spannungsarten unterschieden wie in Abb. 2.1 dargestellt.

Die Zug-, Druck- und Biegespannungen werden nun genauer betrachtet. Um diese Spannungen zu bestimmen sind die Normalkräfte und Biegemomente notwendig.

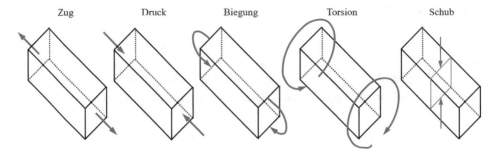

Abb. 2.1 Spannungsarten in der Mechanik

2.1.2 Zug- und Druckspannungen

Die Zugspannung ist mit

$$\sigma_z = \frac{F}{A} \tag{2.1}$$

definiert. Dabei ist σ_z die durchschnittliche Zugspannung, F die innere Normalkraft und A die Fläche des Schnittes. Wirkt eine Kraft im geometrischen Mittelpunkt und senkrecht zu einer Fläche, entsteht eine gleichmäßige Spannungsverteilung wie in Abb. 2.2 dargestellt.

Druckspannungen sind wie Zugspannungen, mit dem Unterschied, dass sie komprimierend auf das Bauteil wirken. Bei dünnen, langen Bauteilen besteht die Gefahr des Knickens. Dies kann zu einem Versagen des Bauteiles führen, obwohl die zulässigen Spannungen im Bauteil nicht überschritten wurden.

2.1.3 Biegespannung

Wirkt eine äußere Kraft exzentrisch oder nicht normal zur Querschnittsfläche, entstehen Biegespannungen im Bauteil. Eine Biegespannung ist wie Druck- und Zugspannung eine Normalspannung. Die Biegespannung ist mit

$$\sigma_b = \frac{F \cdot l}{W_b} \tag{2.2}$$

definiert. Wobei σ_b die maximale Biegespannung, F eine Kraft, l der Hebelarm und W_b das Widerstandsmoment ist. Im Gegensatz zu Druck- und Zugspannungen ist die Spannungsverteilung im Querschnitt nicht gleichmäßig, sondern bei geraden Bauteilen linear wie in Abb. 2.3 dargestellt. Bei reiner Biegespannung entsteht eine Kombination von Zug- und Druckspannungen. Im gezeigten Beispiel in der Abb. 2.3 wirkt in der oberen Randfaser eine Zug- und die untere eine Druckspannung. Da es sich um einen symmetrischen Quer-

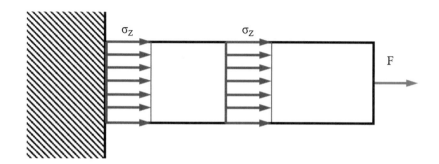

Abb. 2.2 Zugspannung

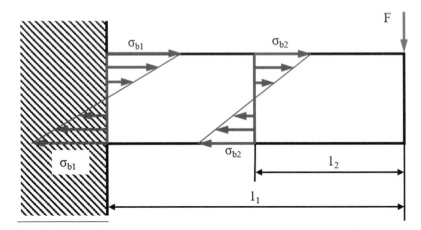

Abb. 2.3 Biegespannung

schnitt handelt, ist die Druck- und Zugspannung gleich groß. In der Mitte befindet sich die neutrale Faser, welche praktisch spannungsfrei ist.

Der Anteil $F \cdot l$ in der Gl. (2.2) ist das Biegemoment. Dieses nimmt mit l zu und daher tritt die höchste Biegespannung im hier gezeigten Fall an der Einspannstelle auf. In der Realität überlagern sich häufig unterschiedliche Spanungsarten. Weiter werden durch konstruktionsbedingte Bohrungen und Kerben die Kraftflüsse im Bauteil gestört und es entstehen Spannungsspitzen, die ein Vielfaches der Durchschnittsspannung betragen können.

In der Mechanik wird häufig die Von-Mises Vergleichsspannung berechnet. Dies ist cine Größe, die aus den verschiedenen Normal- und Schubspannungskomponenten berechnet wird. Dies erlaubt es dem Konstrukteur eine Bewertung zu machen, ob das Material Festigkeits- oder Fließbedingungskennwerte aus Zugversuchen überschreitet.

2.2   Bedeutung

Es soll mittels eines Bauteiles eine Zugkraft von Punkt A nach Punkt B übertragen werden. Je nach Platzverhältnissen kann diese Kraftübertragung auf kürzestem Weg direkt oder mit Umlenkungen geleitet werden.

Betrachtet wird ein Verbindungselement aus Baustahl zur Übertragung einer Zugkraft von Punkt A nach Punkt B wie in Abb. 2.4 dargestellt. Die Fixierung und die Krafteinleitung erfolgen in den Bohrungen.

Zunächst wird der gerade Zugstab mit Discovery Live simuliert. Wie in Abb. 2.5 gezeigt, tritt im ungestörten Querschnitt mit den Abmessungen (20×20) mm bei Wirkung der Kraft eine Spannung von 100 N/mm^2 auf. Dies lässt sich auch mit der Formel (2.1) bestätigen.

Die lokalen Spannungserhöhungen im Bereich der Randbedingungen und der Radien werden dabei nicht berücksichtigt.

Muss nun die Kraft wegen eines 200 mm breiten Hindernisses in der Mitte des Stabes umgeleitet werden wie in Abb. 2.6 dargestellt, entstehen bei gleichbleibender Querschnitts-

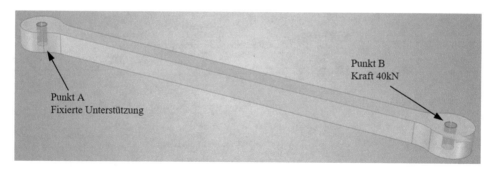

Abb. 2.4   Randbedingungen gerader Zugstab

Abb. 2.5   Vergleichsspannung nach Von-Mises im geraden Zugstab

fläche höhere Spannungen. Wenn wir die Dicke des Bauteiles gleich halten, muss die Breite erhöht werden, damit die Spannungen wieder auf dem ursprünglichen Niveau sind. Durch das Auftreten von Biegespannungen wird auf beiden Seiten die 2,5-fache Breite (2×50 mm) benötigt, um die auftretende Spannung von 100 N/mm² nicht zu überschreiten.

Die durch die Umlenkung verursachte Biegespannung beeinflusst die Spannungsverteilung im Querschnitt des Bauteiles. In Abb. 2.7 ist die Verschiebung der neutralen Faser durch die kombinierte Biege- und Zugspannung zu sehen. An der inneren Randfaser wird die Biegespannung zur Zugspannung addiert. Dadurch entsteht eine hohe Druckspannung. An der äußeren Randfaser wird die Biegespannung von der Zugspannung subtrahiert. Der Betrag der resultierenden Zugspannung ist darum kleiner. Durch diese Asymmetrie verschiebt sich die neutrale Faser nach außen.

Wird die Kraft nur einseitig weitergeleitet, vergrößert sich die Belastung des Bauteils weiter. Bei einer sichelförmigen Gestaltung, wie in Abb. 2.8 dargestellt, wird am Innenradius die höchste Spannung erreicht. Um die maximale Spannung von 100 N/mm² nicht zu überschreiten, muss die Breite weiter erhöht werden. Die Breite wird auf 200 mm erhöht was dem Zehnfachen des geraden Zugstabes entspricht.

Abb. 2.9 zeigt die Geometrien der drei verschiedenen Varianten. Während die erste Variante reinen Zug aufweist, nimmt die Biegebelastung in den beiden weiteren Varianten zu. Bei der zweiten Variante ist ca. 5mal und bei der dritten ca. 10mal mehr Material notwendig, um ein Spannungsmaximum von 100 N/mm² nicht zu überschreiten.

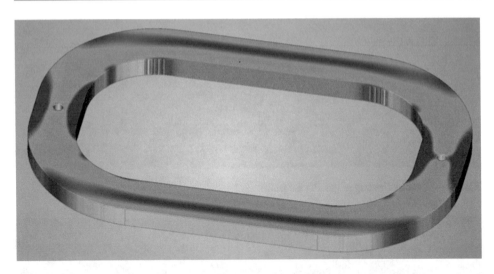

Abb. 2.6 Vergleichsspannung nach Von-Mises im doppelten Verbindungselement

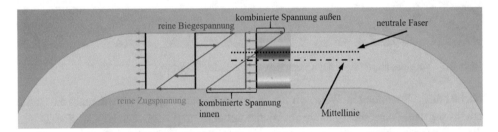

Abb. 2.7 Verschiebung der neutralen Faser durch kombinierte Biege- und Zugspannung

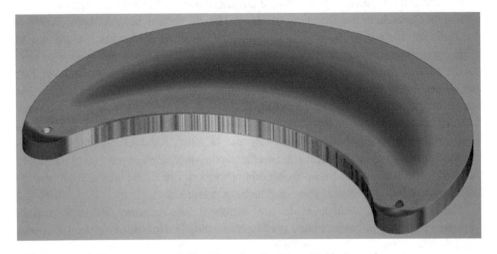

Abb. 2.8 Vergleichsspannung nach Von-Mises im einseitigen Verbindungselement

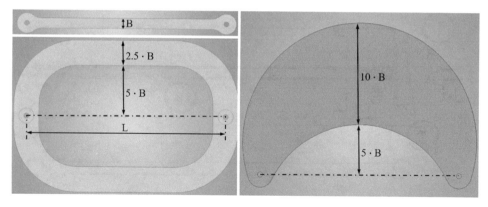

Abb. 2.9 Breitenverhältnisse bei den drei Varianten

2.3 Anwendungsbeispiel Wanddrehkran

Bei einem Wanddrehkran soll die Belastung analysiert werden und wenn nötig konstruktive Maßnahmen getroffen werden, damit die zulässigen Spannungen nicht überschritten werden. Der Grundträger (1), Abb. 2.10, besteht aus einem U-Profil und ist über zwei Drehlager (2) fix mit der Wand verbunden. Für den Ausleger (3) wird ein 3 m langes Profil HEB 100 verwendet. Der Ausleger ist fest mit dem Grundträger verschweißt. Zum Fahren der Lasten dient eine handelsübliche Laufkatze (4), die sich auf dem unteren Flansch des HEB-Profils abstützt und im Arbeitsbereich beliebig positioniert werden kann.

Gegeben sind außerdem die Nutzdaten des Krans:

- Arbeitsbereich L = 0–2700 mm
- Tragkraft F = 10.000 N.

Die Krafteinleitung durch die Laufkatze im Arbeitsbereich erfolgt wie im Schnitt C-C dargestellt über die 4 Rollenauflageflächen.

Als Material soll für alle Bauteile Baustahl S355 eingesetzt werden. Als zulässige Spannung werden 200 MPa definiert. Die Verformung des Auslegers soll 12 mm an allen Positionen der Laufkatze nicht überschreiten.

2.3.1 Analyse der Ist-Situation

Mit Discovery Live simulieren wir den Lastfall, wenn sich die Laufkatze an der äußersten Position befindet. Wir gehen davon aus, dass an dieser Stelle die maximale Belastung und Verformung auftritt. Aus der Simulation geht hervor, dass sich der Ausleger um 132 mm verformt. In Abb. 2.11a ist die Verformung farblich hervorgehoben. Rot eingefärbte

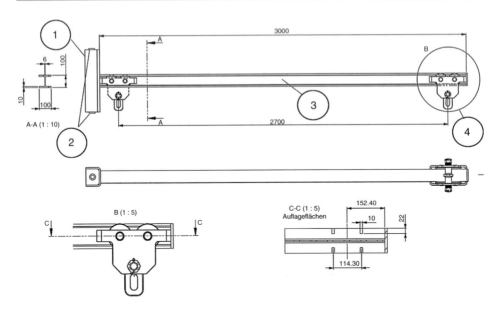

Abb. 2.10 Zeichnung Wanddrehkran

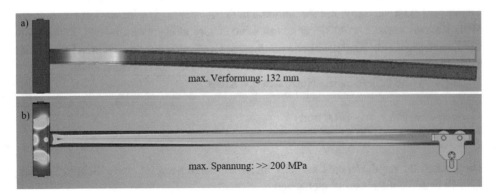

Abb. 2.11 Verformung und Vergleichsspannung Wanddrehkran

Bereiche übersteigen die maximal geforderte Verformung von 12 mm. Durch die Biegebelastung wird auch die zulässige Spannung von 200 MPa überschritten. Die rot eingefärbten Bereiche in Abb. 2.11b weisen eine höhere Spannung auf. Zudem ist die für Biegung typische neutrale Faser und die lineare Spannungsverteilung gut ersichtlich.

Die zulässigen Werte für die Spannung und Verformung sind deutlich überschritten,
daher müssen wir die Konstruktion überarbeiten. Analog zu dem „Rezept Zug ist besser
als Biegung", versuchen wir die Biegespannung durch Zugspannung zu ersetzten. Um dies
zu erreichen, entlasten wir den Ausleger mit einer Zugstange.

Um zu überprüfen ob unsere Konstruktion die Vorgaben erfüllt, müssen wir die Verformung und maximale Spannung des Auslegers auswerten. Um die Auswertung möglichst automatisch durchzuführen, muss die Baugruppe für die Simulation vorbereitet werden. An scharfen Kerben treten theoretisch unendlich hohe Spannungen auf. Dieser Effekt reduziert sich mit der Entfernung von der scharfen Kerbe. In der Realität reagiert das Material mit lokaler Plastifizierung. Eine Berechnungssoftware liefert genau diese hohen Spannungen an diesen Stellen. Für eine konstruktive Bewertung ist es zu viel Aufwand die reale Plastifizierung für jede Variante zu berechnen. Daher überlässt man die Gestaltung der Anschlüsse einer klassischen Auslegung nach Regelwerk und zieht für die Gestaltung der Gesamtkonstruktion bewusst nur Rechnerergebnisse außerhalb dieser Verbindungsstellen heran. Dafür werden die Flächen des Auslegers getrennt wie in Abb. 2.12 dargestellt. Zur Auswertung werden nur die markierten Flächen hinzugezogen. Beachte, dass die obere Fläche des Auslegers, an der die Zugstange befestigt wird, für die Auswertung nicht ausgewählt ist. An der Befestigungsstelle der Zugstange treten auch durch die Kanten erhöhte Spannungen auf. Diese berücksichtigen wir nicht in der Auswertung, obwohl auch in der Realität in diesem Bereich durch den Steifigkeitssprung höhere Spannungen auszumachen sind. Diese hängen von dem Übergang und der Befestigung der zwei Bauteile ab, welche nicht Bestandteil dieser Untersuchung sind. Zudem ist der Ausleger symmetrisch und darum scheint dies eine angemessene Vereinfachung zu sein. Diese Überlegungen gelten nur für die Bewertung der Spannungen. Verformungen lassen sich überall im Modell ablesen und bewerten.

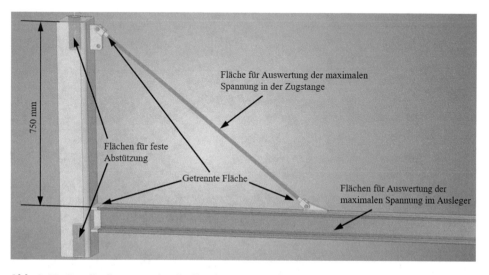

Abb. 2.12   Randbedingungen für die Simulation und Auswertung

2.3.2   Optimierung mittels einer Zugstange

Der Ausleger soll unter Beibehaltung der Nutzdaten so verändert werden, dass die zulässigen Werte eingehalten werden. Um die Drehbarkeit zu gewährleisten, montieren wir die Zugstange an dem Grundträger und der oberen Seite des Auslegers. Damit auch in niedrigen Räumen genügend Hub gewährleistet ist, soll der Grundträger den Ausleger nicht mehr als 750 mm überragen. Als ein erster Entwurf wird dafür in der Mitte des Auslegers eine Zugstange mit einem Durchmesser von 15 mm montiert, wie in Abb. 2.13 dargestellt. Dadurch reduziert sich die maximale Verformung vom Ausleger auf 30,6 mm. Die Von-Mises Vergleichsspannung im Ausleger liegt mit 157 MPa im zulässigen Bereich, doch die Zugstange ist mit einer Vergleichsspannung von 310 MPa deutlich überlastet.

Um die Spannungen in der Zugstange zu reduzieren, haben wir prinzipiell zwei Möglichkeiten. Durch vergrößern des Durchmessers der Zugstange verteilt sich die Kraft auf mehr Fläche, was zu einer Reduzierung der Spannungen führt. Weiter besteht die Möglichkeit, die Kraft aufzuteilen. Durch die Montage einer zweiten Zugstange wird die Kraft aufgeteilt. Dies führt auch zu einer Reduktion der Spannungen. Mit Discovery Live können wir nun beide Varianten testen und deren Vor- und Nachteile analysieren. Weiter ist die aktuelle Position der Zugstange nicht geeignet, da sich der Ausleger um mehr als die erlaubten 12 mm verformt.

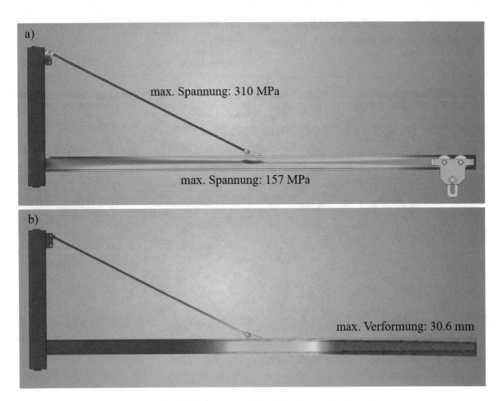

Abb. 2.13 Verformung und Vergleichsspannung Wanddrehkran mit einer Zugstange

Zuerst machen wir uns ein Bild, welchen Einfluss die Position der Zugstange auf die entstehende Spannung und Verformung hat. Dafür werden mit einer Parameteruntersuchung acht verschiedene Zugstangenpositionen im Bereich von ca. 1100 mm und 2900 mm simuliert. In Abb. 2.14 ist die Verformung des Auslegers in Abhängigkeit der Zugstangenposition zu sehen. Wir können einen nichtlinearen Verlauf erkennen. Mit zunehmender Distanz zwischen Grundträger und der Zugstangenposition, nimmt die Verformung ab. Zudem sehen wir, dass die minimale Verformung in der Nähe von 2600 mm zu sein scheint. An dieser Position beträgt die Verformung des Auslegers noch 12,5 mm und erfüllt nahezu unser Kriterium von 12 mm.

In Abb. 2.15 ist der Verlauf der maximalen Vergleichsspannung vom Ausleger und der Zugstange in Abhängigkeit der Zugstangenposition zu sehen. Die maximal auftretende Vergleichsspannung im Ausleger ist mit 51 MPa am geringsten, wenn sich die Zugstange ca. 2400 mm entfernt vom Grundträger befindet. Im simulierten Bereich wird die maximale erlaubte Spannung im Ausleger nicht überschritten. Dabei muss beachtet werden, dass wir bis jetzt nur den einen Lastfall in Betracht gezogen haben, in dem sich die Laufkatze an der äußersten Position befindet.

Der simulierte Spannungsverlauf der Zugstange ist nicht so kontinuierlich wie der des Auslegers. Zwischen 1600 mm und 2300 mm sind zwei Ausreißer auszumachen, welche das Resultat beeinträchtigen. Ähnlich wie beim Ausleger, ist die Spannung am kleinsten, wenn die Zugstangenposition ca. bei 2400 mm liegt.

Um sicherzustellen, dass die Ausreißer das Resultat nicht verfälschen, und es auch wirklich Ausreißer sind, untersuchen wir deren Ursprung etwas genauer. In Abb. 2.16 ist zu erkennen, dass an der Trennstelle der Zugstange für die Auswertung die Geometrie eingeschnürt ist. Dies zeigt, dass die Auflösung an dieser Stelle nicht gut genug ist. Durch die lokal kleinere Querschnittsfläche treten an dieser Stelle höhere Spannungen auf, welche

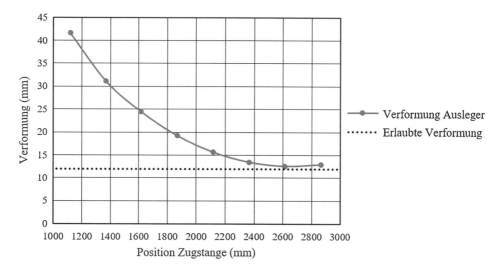

Abb. 2.14 Diagramm Verformung des Auslegers in Abhängigkeit der Zugstangenposition

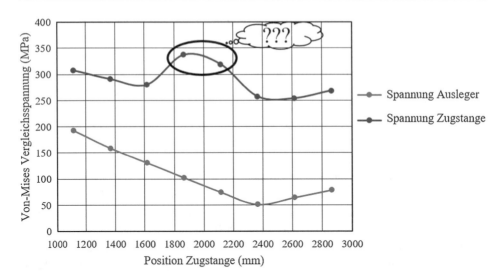

Abb. 2.15 Diagramm maximale Spannung in Abhängigkeit der Zugstangenposition

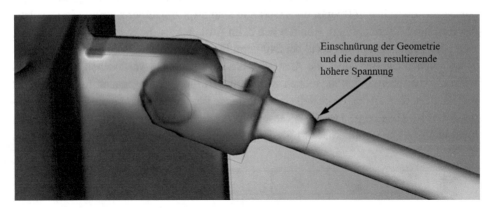

Abb. 2.16 Spannungserhöhung durch lokale Einschnürung

das Resultat der Auswertung beeinflussen. Diese Einschnürung ereignet sich jedoch nur bei bestimmten Winkeln zwischen Zugstange und Ausleger. Diese Winkel variieren je nach den Einstellungen in den Simulationsoptionen und Grafikkarte.

Dies kann behoben werden, indem die Auflösung der Simulation durch Erhöhung der Treue in den Simulationseinstellungen erhöht wird oder auf einer Grafikkarte mit mehr Speicher gerechnet wird.

In Abb. 2.17 ist das Ergebnis einer zusätzlichen Simulation mit höherer Auflösung zu sehen. Dadurch wurde die Einschnürung verhindert und die Ausreißer eliminiert. Weiter können wir auch feststellen, dass die anderen Datenpunkte gut übereinstimmen. Dies zeigt, dass für alle anderen simulierten Positionen die Auflösung gut genug ist. Dies zeigt wie wichtig es ist, die Daten der Simulation auf Plausibilität zu prüfen.

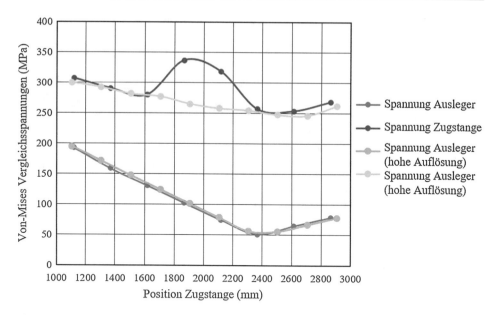

Abb. 2.17 Diagramm maximale Spannung mit hoher Auflösung

Durch die Simulation haben wir herausgefunden, dass eine Zugstangenposition zwischen 2400 mm und 2800 mm optimal zu sein scheint. Je nach Positionierung ist die maximale Spannung im Ausleger oder in der Zugstange minimal.

Durch Abb. 2.14 und 2.17 können wir feststellen, dass eine Zugstangenposition von 2700 mm optimal scheint. An dieser Stelle tritt die kleinste Verformung im Ausleger und Spannung in der Zugstange auf. Die leicht erhöhte Spannung im Ausleger können wir in Kauf nehmen, da sie mit ca. 67 MPa nicht kritisch ist. Aus der Formel (2.1) geht hervor, dass sich die Spannung proportional zur Fläche verhält. Da wir die in der Zugstange entstehende Spannung kennen und die Kraft für den einen Lastfall gleichbleibt, können wir den notwendigen Durchmesser berechnen, um die vorgegebene Spannung zu erreichen. In Formel (2.3) wurde die Formel (2.1) gleichgestellt. Durch umstellen der Formel können wir den Radius der dickeren Zugstange berechnen wie in Formel (2.4) gezeigt wird.

$$\sigma_1 \cdot r_1^2 = \sigma_2 \cdot r_2^2 \tag{2.3}$$

$$r_2 = \sqrt{\frac{\sigma_1 \cdot r_1^2}{\sigma_2}} = \sqrt{\frac{247\,MPa \cdot \left(15\,mm\right)^2}{200\,MPa}} \approx 17\,mm \tag{2.4}$$

Erhöhen wir nun in unserem Modell den Durchmesser der Zugstange auf 17 mm, reduziert sich die maximale Vergleichsspannung in der Zugstange von 247 MPa auf 198 MPa. Dies stimmt mit dem Resultat unserer Handrechnung überein. Weiter können wir feststellen, dass die maximale Verformung des Auslegers mit 10 mm nun in einem akzeptablen Be-

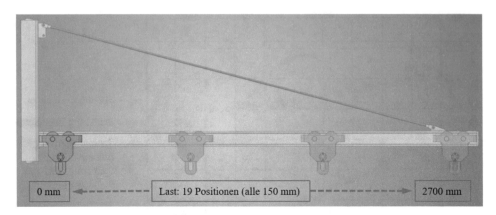

0 mm ←------------ Last: 19 Positionen (alle 150 mm) ------------→ 2700 mm

Abb. 2.18 Lastfälle für den Wanddrehkran

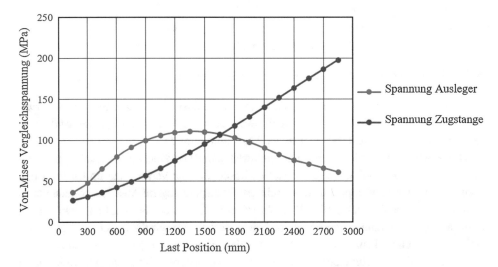

Abb. 2.19 Diagramm maximale Spannung in Abhängigkeit der Laufkatzenposition

reich liegt. Mit einer Parameteruntersuchung simulieren wir nun weitere Lastfälle über den ganzen Arbeitsbereich um sicherzustellen, dass die maximalen Spannungen zu keinem Zeitpunkt überschritten werden. In Abb. 2.18 sind die unterschiedlichen Positionen der Laufkatze illustriert.

Im Diagramm in Abb. 2.19 können wir die maximale Spannung im Ausleger und der Zugstange in Abhängigkeit der Laufkatzenposition sehen. Je weiter außen die Last hängt, desto grösser werden die Spannungen in der Zugstange. Im Ausleger entsteht die maximale Belastung jedoch, wenn die Last sich in der mittleren Position befindet. Dies ist plausibel, denn da entsteht im Ausleger die größte Biegespannung.

2.3.3   Zusätzliche Zugstange

Wie bereits erwähnt kann die Spannung in der Zugstange auch reduziert werden indem die Kraft aufgeteilt wird. Für die folgende Simulation fügen wir eine weitere Zugstange mit dem gleichen Durchmesser von 15 mm zur Baugruppe hinzu. Die eine Zugstange belassen wir an der Position von 2700 mm und die andere Zugstange montieren wir für eine erste Simulation kürzer in der Mitte des Auslegers bei 1375 mm. In Abb. 2.20a sind die auftretenden Spannungen und in Abb. 2.20b die Verformungen für den Lastfall an der äußersten Position gezeigt. Durch die Aufteilung der Kraft auf zwei Zugstangen reduziert sich die maximale Vergleichsspannung in der längeren Zugstange von 246 MPa auf 194 MPa. Die Verformung reduziert sich um ca. 2 mm und die maximale Vergleichsspannung im Ausleger verringert sich von 68 MPa auf 59 MPa.

Um sicherzustellen, dass bei einem anderen Lastfall keine höheren Spannungen auftreten, richten wir wieder eine Parameteruntersuchung mit den neunzehn Lastfällen ein. Im Diagramm in Abb. 2.21 sind die auftretenden maximalen Spannungen in Abhängigkeit der Lastposition zu sehen. Durch das Anbringen einer zweiten Zugstange wird der Ausleger entlastet. Im Vergleich zu einer Zugstange mit einem Durchmesser von 17 mm in Abb. 2.19 reduziert sich die maximal auftretende Vergleichsspannung über den gesamten Arbeitsbereich von 110 MPa auf 58 MPa. Die längere Zugstange, mit einem Durchmesser von 15 mm hat nun die gleiche maximale Spannung wie die einzelne Zugstange mit 17 mm Durchmesser. Beide

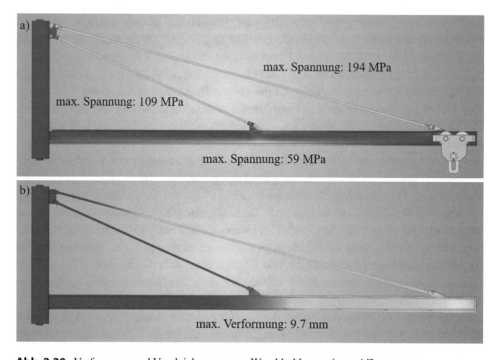

Abb. 2.20 Verformung und Vergleichsspannung Wanddrehkran mit zwei Zugstangen

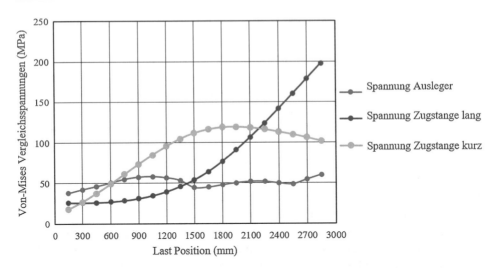

Abb. 2.21 Diagramm maximale Spannung mit zwei Zugstanngen in Abhängigkeit der Laufkatzen-position

erfahren die maximale Belastung von 194 MPa wenn sich die Laufkatze an der äußersten Position befindet. Die kürzere Zugstange wird mit 119 MPa weniger stark belastet als die längere. Die größte Belastung tritt dabei bei einer Laufkatzenposition von ca. 1950 mm auf.

Die Anforderungen werden zwar eingehalten, doch es stellt sich nun die Frage, ob es möglich ist, die Spannungen gleichmäßiger zu verteilen und die maximale Belastung zu reduzieren. Dazu variieren wir die Position beider Zugstangen. Da die maximale Belastung der Zugstangen an unterschiedlichen Lastpositionen auftritt, muss für jede Zugstangenkon-figuration die verschiedenen Lastfälle mitberücksichtigt werden. Dadurch vervielfacht sich die Anzahl der Simulationen. Aufgrund der kurzen Rechenzeit in Discovery Live lassen sich schnell alle Kombinationen in einer Parametervariation definieren und durchrechnen. Die kürzere Zugstange positionieren wir im Bereich zwischen ca. 700 mm und 2500 mm an acht verschiedenen Positionen. Die längere Zugstange variieren wir an acht verschie-denen Positionen zwischen 1100 mm und 2900 mm. Dadurch entstehen 64 verschieden Zug-stangenkonfigurationen. Bei Betrachtung der Konfigurationen wird uns klar, dass nicht alle einen Sinn ergeben. Wenn die Position der kürzeren Zugstange gleich oder länger ist als die der längeren Zugstange, kreuzen sie sich. Diese Zugstangenkonfigurationen müssen von der Auswertung ausgeschlossen werden und somit bleiben noch 43 Zugstangenkonfigura-tionen übrig. Werden diese Konfigurationen vor der Simulation gelöscht, reduziert sich die Anzahl der Simulationen stark, da für jede Konfiguration auch die unterschiedlichen Last-fälle simuliert werden müssen. Dafür müssen wir diese Positionen manuell löschen, was mehr Zeit für die Simulationsvorbereitung beansprucht. Die Filterung der Daten kann auch nach der Simulation beim Verarbeiten der Daten geschehen. Unser Zeitaufwand ist dann üblicherweise geringer, jedoch erhöht sich die Rechenzeit für die Parameteruntersuchung.

Um die Daten aus der Parameteruntersuchung auszuwerten, müssen sie in einem ge-eignetem Format dargestellt werden. Als erstes suchen wir für jede Zugstangenkonfiguration, die maximal auftretende Spannung in Abhängigkeit der Laufkatzenposition. Dies machen wir für die beiden Zugstangen und den Ausleger. Ein Teil dieser Werte können wir in Tab. 2.1 sehen.

Mit einem Oberflächendiagramm lassen sich die Daten grafisch darstellen und interpretieren. Das Diagramm zeigt für jedes Bauteil eine eigene Oberfläche, welche die maximale Spannung in Abhängigkeit der Zugstangenpositionen repräsentiert. Die Position der kürzeren und längeren Zugstange wird auf der x- respektive y-Achse aufgetragen. Auf der z-Achse wird die maximale Spannung abgebildet. Das Ergebnis ist in Abb. 2.22 zu sehen. In dieser Darstellung sehen wir, dass sich die Spannungen in der längeren Zugstange reduzieren je weiter außen sie angebracht wird. Ein ähnliches Muster konnten wir bereits bei der Variante mit einer Zugstange feststellen. Zudem sehen wir, dass je weiter außen die kürzere Zugstange montiert wird, desto kleiner die Spannungen in der längeren Zugstange werden. Dabei steigt die maximale Spannung in der kürzeren Zugstange an und nahe der äußersten simulierten Position schneiden sich die beiden Flächen. An der Schnittlinie der beiden Flächen sind die maximal auftretenden Spannungen in den beiden Zugstangen ausgeglichen. Die maximale Vergleichsspannung im Ausleger ist mit 66 MPa am geringsten, wenn die kürzere bei ca. 940 mm und die längere Zugstange bei ca. 2450 mm angebracht wird.

Da die Spannungen im Ausleger geringer sind als diejenigen in den Zugstangen, wird die Stelle, an der die Spannungen zwischen den Zugstangen ausgeglichen sind, als optimal betrachtet. In diesem Beispiel ist das der Fall, wenn die länger Zugstange bei ca. 2900 mm und die kürzere ca. bei 2300 mm befestigt wird. Um das Ergebnis zu prüfen, wird mit dieser Zugstangenkonfiguration eine Parameteruntersuchung mit den verschiedenen Lastfällen durchgeführt. Im Diagramm in Abb. 2.23 ist die maximale Spannung in Abhängigkeit der Laufkatzenposition für die optimierte Zugstangenkonfiguration zu sehen. Wir können nun feststellen, dass die auftretende Spannung in den Zugstangen praktisch ausgeglichen ist (Differenz: 6 MPa). Im Gegensatz zu der ursprünglichen Zugstangenkonfi-

Tab. 2.1 Maximalwerte für die verschiedenen Zugstangenkonfigurationen

Variante Nr.	Zugstange lang Position	Zugstange kurz Position	Ausleger max. Spannung	Zugstange lang max. Spannung	Zugstange kurz max. Spannung
1	1162 mm	724 mm	198 MPa	292 MPa	53 MPa
2	1412 mm	724 mm	168 MPa	284 MPa	62 MPa
3	1657 mm	724 mm	138 MPa	280 MPa	69 MPa
4	1901 mm	724 mm	109 MPa	268 MPa	77 MPa
5	2142 mm	724 mm	80 MPa	255 MPa	84 MPa
6	2377 mm	724 mm	68 MPa	239 MPa	92 MPa
7	2620 mm	724 mm	73 MPa	236 MPa	100 MPa
8	2883 mm	724 mm	77 MPa	218 MPa	108 MPa
9	1162 mm	983 mm	197 MPa	224 MPa	129 MPa
10	1412 mm	983 mm	167 MPa	258 MPa	68 MPa
11	1657 mm	983 mm	138 MPa	263 MPa	78 MPa
12	1901 mm	983 mm	108 MPa	257 MPa	86 MPa
13	2142 mm	983 mm	80 MPa	246 MPa	94 MPa

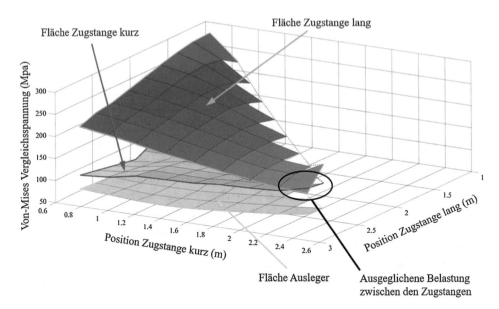

Abb. 2.22 Spannungen in Abhänigkeit von den Zugstangenpositionen

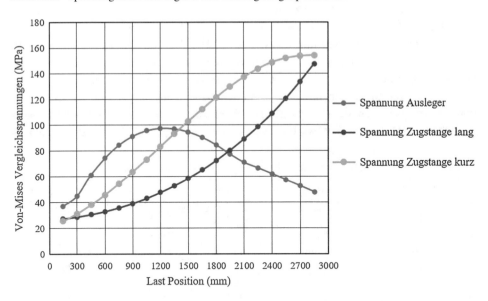

Abb. 2.23 Diagramm maximale Spannung mit zwei Zugstanngen in Abhängigkeit der Laufkatzen-position optimiert

guration ist die Belastung der Bauteile nun ausgeglichener. In keinem der Bauteile tritt nun eine größere Vergleichsspannung als 154 MPa auf. Die Verformung des Auslegers wurde von den ursprünglichen 9,7 mm auf 7,4 mm reduziert werden. In Abb. 2.24 sind die Von-Mises Vergleichsspannungen zu sehen. Dabei befindet sich die Last an der Position, wo die Belastung am Ausleger am größten ist, nämlich bei 1200 mm.

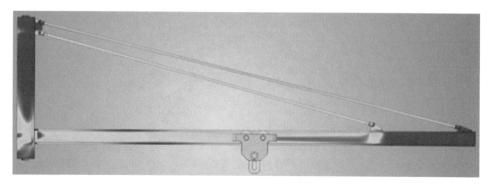

Abb. 2.24 Von-Mises Vergleichsspannungen an der optimierten Zugstangenposition Last = 1200 mm

Durch die optimierten Zugstangenpositionen konnte die Belastung reduziert werden, und somit erhöht sich die Sicherheit zu den vorgegebenen Werten von einer maximalen Spannung von 200 MPa und maximalen Verformung von 12 mm.

Biegung – Hebelarm und Flächenträgheitsmoment beachten

3

Oft können Biegebeanspruchungen in Bauteilen nicht verhindert werden. Bei Biegebeanspruchung ist besonders darauf zu achten, dass das wirkende Biegemoment nicht unnötig groß wird. Dies kann man unter anderem über die Hebelarme beeinflussen. Zudem erspart die Wahl einer günstigen Basisgeometrie viel Materialaufwand. Bei reiner Biegebeanspruchung sollen Querschnitte verwendet werden, die weit von der neutralen Faser möglichst viel Material aufweisen. Dadurch wird das Flächenträgheitsmoment beziehungsweise das Widerstandsmoment erhöht.

Beim Anwendungsbeispiel wird aufgezeigt, wie man eine biegebeanspruchte Zylinderbefestigung optimal gestalten kann.

3.1 Grundlagen

Eine Biegespannung ist eine Normalspannung, die infolge eines inneren Biegemomentes um eine Achse in der Querschnittsebene eines Bauteiles wirkt. Biegemomente verursachen sowohl Zug- als auch Druckspannungen. Die maximale Zugspannung wirkt an einem Ende des Querschnittes, die maximale Druckspannung am anderen Ende. In Abb. 3.1 sind die Normalspannungen in x-Richtung von einem auf Biegung belastetem Bauteil zu sehen. Rot eingefärbte Bereiche weisen eine Zugspannung auf und blaue demnach eine Druckspannung.

3.1.1 Hebelarm

In Abb. 3.2 ist schematisch der Biegemomentverlauf eines Stützträgers mit Einzellast dargestellt. Im Gegensatz zum einseitig eingespannten Biegebalken, wie er in Abschn. 2.1.3 gezeigt wurde, wirkt hier das größte Biegemoment an der gleichen Stelle wo auch die

© Springer-Verlag GmbH Deutschland, ein Teil von Springer Nature 2020
M. Brand et al., *Physik begreifen – besser konstruieren*,
https://doi.org/10.1007/978-3-662-60824-1_3

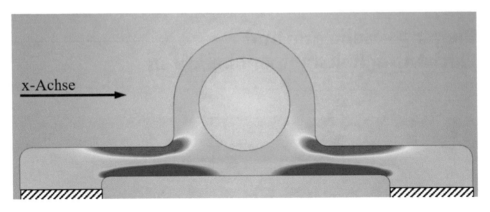

Abb. 3.1 Normalspannungen verursacht durch ein Biegemoment

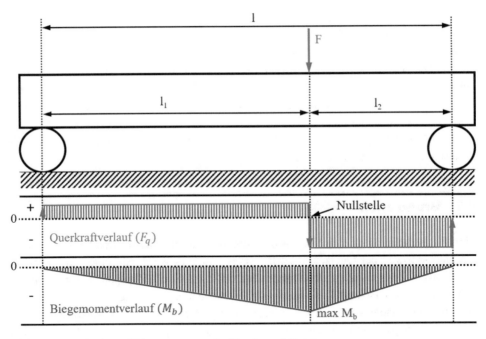

Abb. 3.2 Querkraft- und Biegemomentverlauf in einem Stützträger

Kraft wirkt. Das maximale Biegemoment kann überall dort auftreten, wo im Querkraftverlauf Nullstellen auftreten.

Das Biegemoment (M_b) ist abhängig vom Hebelarm (l). Für den Konstrukteur ist es ein Ziel, das Biegemoment (M_b) möglichst klein zu halten, damit die auftretenden Biegespannungen dementsprechend kleiner werden. Da die auftretenden Kräfte vom Konstrukteur meist nicht beeinflusst werden können, bleibt nur noch der Hebelarm (l), um Einfluss auf das Biegemoment zu nehmen.

3.1.2 Flächenträgheitsmoment

Das Flächenträgheitsmoment (I) ist ein Maß für den Widerstand eines Körpers gegen Biegung und Verformung. Ein Bauteil kann sich unterschiedlich verhalten. Je nachdem in welche Richtung ein Biegemoment wirkt, unterscheidet sich das Flächenträgheitsmoment. Der Konstrukteur kann Biegespannungen reduzieren, indem er das Flächenträgheitsmoment vergrößert. Mit

$$I_{xx} = \int_A y^2 \cdot dA \tag{3.1}$$

wird das Flächenträgheitsmoment (I) eines Querschnittes bestimmt. In diesem Fall wird das Flächenträgheitsmoment um die x-Achse berechnet, was durch die tiefgestellten Indizes dargestellt wird. Dabei ist y die Distanz zwischen der zur x-Achse parallelen Schwerlinie und der Differenzialfläche (dA). In der Formel (3.1) ist zu sehen, dass die Distanz zur Schwerlinie (y) im Quadrat vorkommt und dadurch einen größeren Einfluss auf das Flächenträgheitsmoment hat als die Querschnittsfläche (A) selbst. Wenn man den Querschnitt in kleine Abschnitte ΔA teilt, kann man mit

$$I_{xx} = \sum_i^1 y_i^2 \cdot \Delta A_i \tag{3.2}$$

das Flächenträgheitsmoment näherungsweise per Hand berechnen. Je kleiner die Abstufung ist, desto genauer wird das Ergebnis. In Abb. 3.3 ist die Berechnung des Flächenträgheitsmomentes vereinfacht dargestellt. Da die Distanz y quadriert wird, spielt das Vorzeichen keine Rolle. Bei um die Schwerlinie symmetrischen Querschnitten entspricht $y_1 = y_4$, $y_2 = y_5$ und $y_3 = y_6$. Somit muss nur die eine Hälfte berechnet werden, und deren Resultat verdoppelt. Kompliziertere Querschnittsflächen können mit dieser Methode in viele kleine und einfache Teilflächen (ΔA) aufgeteilt werden, um das Flächenträgheitsmoment zu berechnen.

Die Balken in Abb. 3.4 zeigen die Wirkung des Flächenträgheitsmoments eines Bauteiles. Das Flächenträgheitsmoment des rechten Balkens ist viel höher als dasjenige des linken. Sowohl die auftretende Biegespannung, als auch die auftretende Verformung, fal-

Abb. 3.3 Berechnung des Flächenträgheitsmoments

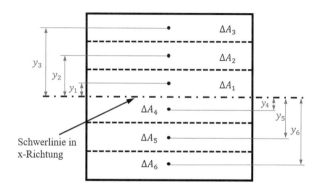

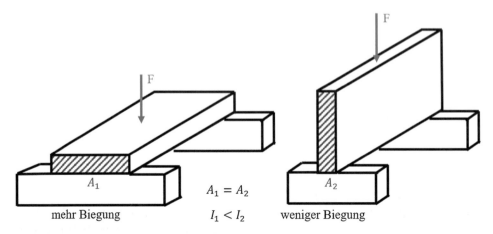

Abb. 3.4 Einfluss des Flächenträgheitsmoments

len bei gleicher Belastung beim rechten Balken viel geringer aus, obwohl die Querschnitts-fläche gleich groß ist. Für viele Querschnittsprofile findet man in der Literatur passende Formeln für die Flächenträgheitsmomente, oder man kann sie anderweitig z. B. im CAD anzeigen lassen.

Die maximale Spannung aus Biegung tritt in der Randfaser auf und ergibt sich, indem man das auftretende Biegemoment durch das Widerstandsmoment teilt. Das Widerstands-moment (W) erhält man, indem das Flächenträgheitsmoment (I) durch den Randabstand der Randfasern zu der neutralen Faser dividiert wird, wie in (3.3) gezeigt wird.

$$W_{xx} = \frac{I_{xx}}{y_{max}} \tag{3.3}$$

3.1.3 Verformung durch Biegebeanspruchung

Neben der Größe der Biegespannungen ist auch immer die am Bauteil auftretende Ver-formung wichtig. Sie sollte im Regelfall möglichst klein ausfallen. Beim in Abb. 3.5 dar-gestellten einseitig eingespannten Biegeträger lässt sich die maximale Verformung (f_{max}) bei der Kraft (F) mit der Formel berechnen:

$$f_{max} = \frac{F \cdot l^3}{3 \cdot E \cdot I} \tag{3.4}$$

Dabei ist das Elastizitätsmodul (E) ein Maß für die Steifigkeit des Werkstoffes. Wenn man für den Biegebalken einen Werkstoff mit höherem Elastizitätsmodul (Designgröße) wählt, wird die auftretende Verformung kleiner. Auch für die Verformung gilt, dass ein höheres Flächenträgheitsmoment eine geringere Verformung erwirkt. Wie in Abb. 3.6 zu sehen ist, hat das Elastizitätsmodul (E) nur einen Einfluss auf die Verformung, jedoch nicht auf die im Bauteil entstehenden Spannungen.

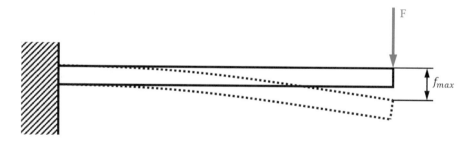

Abb. 3.5 Einseitig eingespannter Biegeträger

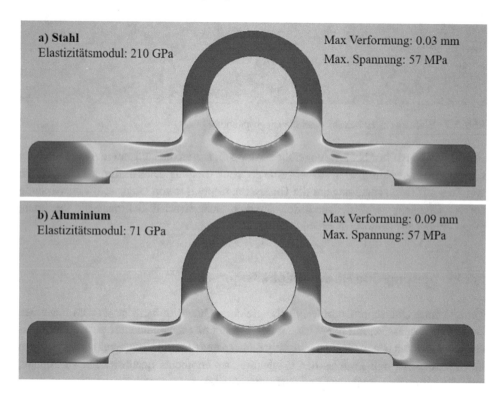

Abb. 3.6 Von-Mises Spannungen Lagerbock

3.2 Bedeutung

3.2.1 Designgröße Hebelarm

Der Hebelarm hat einen linearen Einfluss auf das Biegemoment. Wird der Hebelarm verdoppelt, verdoppelt sich auch das Biegemoment. Anhand des Lagerbocks wird der Einfluss des Hebelarms verdeutlicht. In Abb. 3.7a, b ist jeweils die Von-Mises Vergleichsspannung zu sehen. Die Randbedingungen sind bei beiden Varianten die gleichen. Nur der

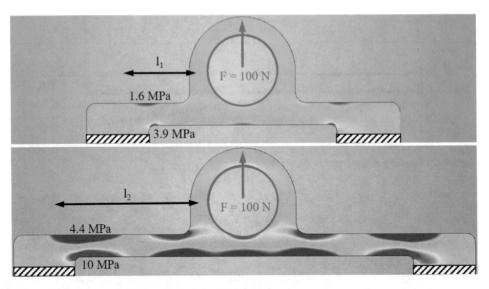

Abb. 3.7 Einfluss des Hebelarmes auf die Biegespannung

Hebelarm *l* wurde in Abb. 3.7b ungefähr verdoppelt. Durch die beidseitige Abstützung des Lagerbocks in der Simulation entsteht eine doppelte Biegung. Dies ist durch das Wechseln von Zug- auf Druckspannung auf der Unterseite, respektive von Druck- auf Zugspannung auf der Oberseite sichtbar. Durch den längeren Hebelarm hat sich auch die maximale Druck- und Zugspannung ungefähr verdoppelt.

3.2.2   Designgröße Flächenträgheitsmoment

Verschiedene Querschnittsprofile mit der gleichen Querschnittsfläche werden derselben Belastung ausgesetzt, um die Wirkung des Flächenträgheitsmomentes zu veranschaulichen. Als Ausgangslage dient ein einseitig eingespannter Balken mit einem quadratischen Querschnitt. Um den Einfluss des Flächenträgheitsmoments quantifizieren zu können, wird die auftretende Spannung und Verformung miteinander verglichen.

In Abb. 3.8 und 3.9 werden die verschiedenen Querschnittsprofile miteinander verglichen. Für die Simulation wirkt am 500 mm langen Balken eine Kraft von 500 N. In den Abbildungen zeigt der Farbverlauf die Verformung von 0 mm (blau) bis 7,8 mm (rot) an. In Abb. 3.8a ist der Balken mit dem quadratischen Querschnittsprofil zu sehen. Die maximale Verformung beträgt 7,8 mm. Durch die Biegung entsteht im Balken eine maximale Spannung an den Randfasern von 188 MPa. In Abb. 3.8b ist ein rechteckiger Querschnitt mit derselben Querschnittsfläche und einem Seitenverhältnis von 2,25 zu sehen. Durch das höhere Flächenträgheitsmoment reduziert sich die Verformung um 45 % auf 3,5 mm und die durch Biegung verursachte Spannung um 66 % auf 125 MPa.

Abb. 3.8 Querschnitte mit niedrigem Flächenträgheitsmoment

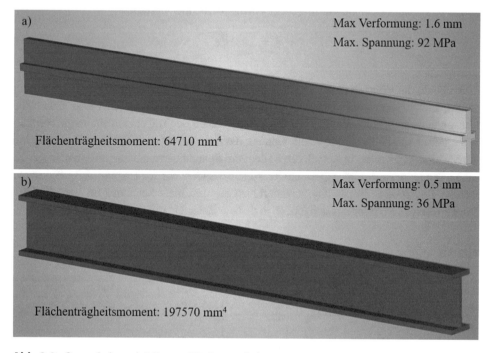

Abb. 3.9 Querschnitte mit höherem Flächenträgheitsmoment

Zum Vergleich ist in Abb. 3.9 ein kreuzförmiges Profil und ein I-Träger mit der gleichen Querschnittfläche zu sehen. Das in Abb. 3.9a gezeigte Profil weist ein doppelt so hohes Flächenträgheitsmoment auf wie der rechteckige Stab in Abb. 3.8b. Dadurch reduziert sich die Spannung weiter von 125 MPa auf 92 MPa und die Verformung von 3,5 mm auf 1,6 mm. Mit 197.570 mm⁴ hat der I-Träger in dem Vergleich das größte Flächenträgheitsmoment. Dieser Vergleich zeigt, dass durch eine geeignete Geometrie das Flächenträgheitsmoment um fast das 15-fache vergrößert werden kann. Verglichen mit dem quadratischen Querschnitt konnte die Verformung von 7,8 mm auf 0,5 mm und die maximale Spannung von 188 MPa auf 36 MPa gesenkt werden.

In Tab. 3.1 sind die Ergebnisse zusammengefasst, um die Wichtigkeit des Flächenträgheitsmomentes auf die auftretenden Biegespannungen zu verdeutlichen. Durch Betrachtung der auftretenden Biegespannungen in einem Bauteil, kann eine passende Geometrie gewählt werden. Damit können gezielt die Verformung und Spannung deutlich reduziert oder durch Entnahme von Material an geeigneter Stelle Gewicht gespart werden.

3.2.3   Designgröße Querschnittsverlauf

Eine weitere Designgröße stellt die Möglichkeit eines dem Biegemomentenverlauf angepassten Querschnittes dar. Man setzt dabei an jeder Stelle den erforderlichen Quer-schnitt ein, damit die Biegespannung über die gesamte Länge des Bauteiles gleichbleibt. Dabei kann der Verlauf der Höhe mit folgender Formel berechnet werden:

$$h_x = h_{max} \sqrt{\frac{l_x}{l}} \tag{3.5}$$

Wobei h_x die Höhe an einem Punkt X auf der x-Achse, h_{max} die maximale Höhe auf der eingespannten Seite, l_x die Distanz zwischen der wirkenden Kraft und dem Punkt X und l die Gesamtlänge ist. Abb. 3.10a zeigt den Spannungsverlauf des Trägers mit einem gleichmäßigen Querschnitt. Es kann festgestellt werden, dass von rechts nach links zur Fixierung hin die Spannung zunimmt. In Abb. 3.10b ist der dem Spannungsverlauf angepassten Träger zu sehen. Dank des angepassten Querschnitts konnte das Gewicht des Trägers um 33 % gesenkt werden. Durch diese Anpassung verändert sich die maximale Spannung im Bauteil nicht. Die Verformung verdoppelte sich jedoch in diesem Beispiel von 0,37 mm auf 0,74 mm.

Tab. 3.1 Verformung und Spannung verursacht durch verschiedene Flächenträgheitsmomente

Profil	Verformung	%	Spannungen	%	
Quadrat	7,8 mm	100	188 MPa	100	■
Rechteck	3,5 mm	45	125 MPa	66	I
Kreuz	1,6 mm	21	92 MPa	49	┼
I-Profil	0,5 mm	7	36 MPa	19	I

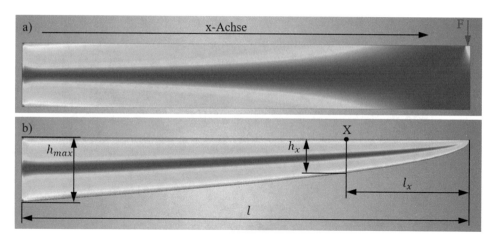

Abb. 3.10 Optimierter Querschnittsverlauf

3.3   Anwendungsbeispiel Zylinderbefestigung

Die Raupe eines Fahrzeuges soll mittels Zylinder gedreht werden können. Damit der Zylinder seine Zug-Stosskraft in ein Drehmoment umwandeln kann, ist ein Hebelarm notwendig. Die dadurch enstehenden Biegespannungen sollen mit den erlernten Grundsätzen unter Kontrolle gehalten werden. In Abb. 3.11 ist die entsprechende Baugruppe zu sehen. Nun soll ein Bauteil konstruiert werden, welches die Verbindung zwischen dem starren Fahrzeugchassis und dem Zylinder herstellt. Die rot hervorgehobenen Flächen stellen dabei die zu verbindenden Bauteile dar. Iterativ ermitteln wir nun die Geometrie des Verbindungselementes mit Discovery Live. Lokal sollen die Spannungen einen Wert von 300 MPa nicht überschreiten. Ziel ist es aber die Spannungen unter 200 MPa zu bringen.

Zunächst isolieren wir die Aufgabenstellung. Die für die Simulation relevanten Bauteile sind in Abb. 3.12 zu sehen. An den markierten Flächen werden die Randbedingungen gesetzt. Den Zylinder benötigen wir, da er den Konstruktionsfreiraum einschränkt, aber er wird nicht zum Simulationskörper hinzugefügt. Unsere Aufgabe ist es nun, die zwei Grundplatten mit einer Geometrie zu verbinden, welche die vorgegebenen Bedingungen erfüllt.

Damit wir einen Überblick bekommen, verbinden wir die zwei Grundplatten möglichst einfach auf dem direkten Weg. In Abb. 3.13 ist der dafür erstellte Balken mit der Von-Mises Vergleichsspannung zu sehen. Die Legende wurde so angepasst, dass Bereiche bei denen Spannungen von über 300 MPa auftreten, rot eingefärbt werden. Aus der Simulation ist ersichtlich, dass die zulässigen Spannungen im Verbindungsbalken überschritten wurden. Weiter sehen wir auch, dass ca. in der Mitte eine weniger belastete Zone besteht, und dass die Spannungen gegen den Zylinder abnehmen. Dies weist darauf hin, dass hier Biegespannung vorliegt.

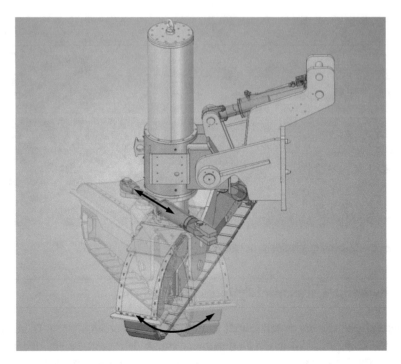

Abb. 3.11   Baugruppe für die Simulation

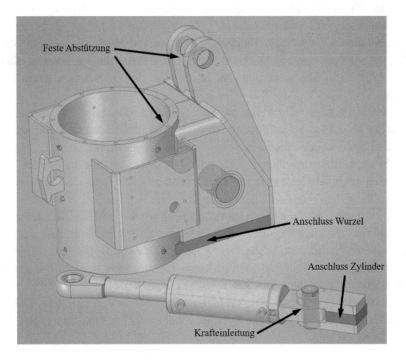

Abb. 3.12   Isolierung der Problemstellung

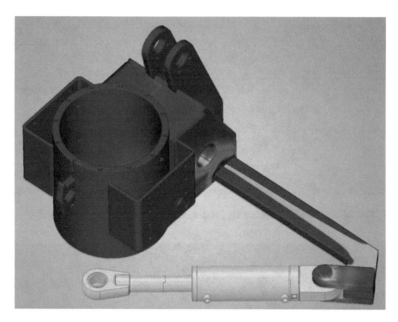

Abb. 3.13 Von-Mises Vergleichsspannung der ersten Variante des Verbindungsbalkens

Um das Flächenträgheitsmoment zu erhöhen, passen wir als nächstes den Querschnitt
des Verbindungsbalkens an. Dazu verbreitern wir die Seite zur Wurzel auf Gehäuseseite,
da hier die größte Biegespannung vorliegt. Ziel ist es, die minimal notwendige Breite an
der Wurzel herauszufinden, an der die Spannungen ein akzeptables Maß erreichen. In
Abb. 3.14 sind die Von-Mises Vergleichsspannungen für die angepasste Variante zu sehen.
Dabei wurde die Breite an der Wurzel um 240 mm auf 360 mm erhöht. Die Legende wurde
so angepasst, dass Werte über 200 MPa rot eingefärbt sind. Wird die Breite weiter erhöht,
reduziert sich die Spannung weiter, und damit erhöht sich die Sicherheit.

Als nächstes kümmern wir uns um die Spannungen an der Anbindung zum Zylinder.
Beim Design müssen wir darauf achten, dass der Zylinder durch unsere Konstruktion in
seiner Bewegung nicht eingeschränkt wird. Zudem sollte durch unsere Konstruktion der
Hebelarm so klein wie möglich ausfallen. Daher ist es naheliegend, dass wir mit unserem
Balken der Kontur des Zylinderanschlusses folgen. Dazu wird die Kontur des Zylinder-
anschlusses um 10 mm versetzt, wie in Abb. 3.15 dargestellt wird. Durch die Breite der
Wurzel und dem versetzten Bogen vom Zylinderanschluss haben wir die Unterkante des
Verbindungsbalken nun definiert. Durch die möglichst konturnahe Verbindung halten wir
den Hebelarm so klein wie möglich.

Abb. 3.16a zeigt die Von-Mises Vergleichsspannungen des neuen Designs. Die Legende wurde so angepasst, dass alle Werte über 300 MPa rot eingefärbt werden. Durch das
Anpassen der Geometrie konnten die Spannungen deutlich reduziert werden. Beim Bogen
liegen die Vergleichsspannungen jedoch über den maximal zulässigen 300 MPa. Als
nächstes verlängern wir den Verbindungsbalken, wie durch die eingezeichneten Pfeile dar-

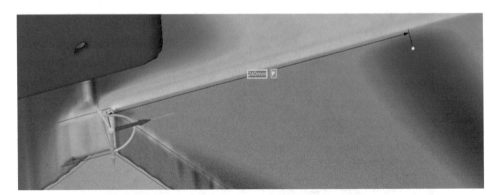

Abb. 3.14 Von-Mises Vergleichsspannung für die angepasste Breite an der Wurzel

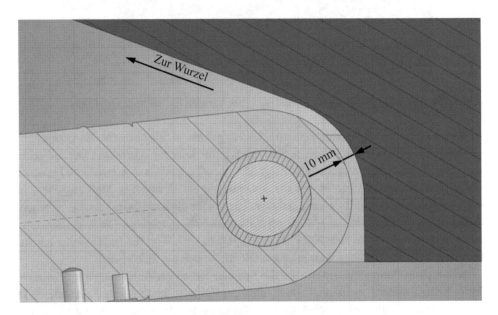

Abb. 3.15 Definierung der Unterkante des Verbindungbalkens

gestellt. Dadurch erhöhen wir das Trägheitsmoment für das hier übertragene Biegemoment. Das Ergebnis ist in Abb. 3.16a zu sehen. Durch die Erweiterung konnten die Spannungen auch in diesem Bereich unter 300 MPa gebracht werden.

Damit haben wir nun das grobe Design unseres Verbindungsbalken evaluiert. Da wir an der Wurzel noch ein bisschen Platz haben können wir sie bis zum großen vertikalen Zylinder verlängern, um die Spannungen weiter zu reduzieren. Wie in Abb. 3.16b zu sehen ist, werden die Ecken nicht stark belastet, somit scheint es vernünftig zu sein, sie mit Radien zu verrunden. Somit können wir Gewicht und Material sparen. Die Von-Mises Vergleichsspannungen der angepassten Geometrie sind in Abb. 3.17 zu sehen. Die Legende wurde so angepasst, dass Bereiche, an denen die Vergleichsspannung den Wert 200 MPa übersteigt,

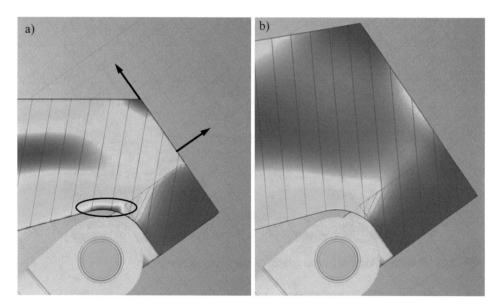

Abb. 3.16 Von-Mises Spannungen auf der Zylinderseite

rot eingefärbt sind. Wir können nun sehen, dass nur noch lokal die 200 MPa überschritten werden und die maximale Spannung 300 MPa nicht übersteigt.

Wie wir in Abschn. 3.2.3 gelernt haben, kann der Querschnittsverlauf der Spannung angepasst werden. Durch einfaches Verrunden mit einem Radius ist dies nicht möglich. In Abb. 3.17 können wir sehen, dass am oberen Radius die Spannung nicht gleichmäßig verteilt ist. Um dies zu beheben, müssen wir die Geometrie anpassen. In Abb. 3.18 sehen wir eine dementsprechend angepasste Geometrie. Die Spannungen an der oberen Kante sind gleichmäßig verteilt. Der Bereich auf der Unterseite, an dem die Spannungen lokal über 200 MPa liegen, vergrößerte sich dadurch leicht. Die maximale Spannung liegt aber mit 292 MPa, immer noch unter den geforderten 300 MPa.

Das Gewicht des Bauteils ohne Verrundung in Abb. 3.16 betrug 131 kg. Durch das Entfernen der unbelasteten Ecken mittels Radien konnte 4 % an Material gespart werden. Dadurch reduzierte sich das Gewicht auf 125 kg. Die Variante in Abb. 3.18 wiegt noch 116 kg. Das Design kann weiter gewichtsoptimiert werden, indem wir entlang der neutralen Faser Material entfernen. Dazu fügen wir Bohrungen in dem niedrig belasteten Bereich hinzu. Diesen Bereich können wir dank dem Ergebnis aus der Simulation mit Discovery Live in Abb. 3.18 gut erkennen. In Abb. 3.19 ist ein Beispiel einer solchen Ausführung zu sehen. In der Abbildung sind Spannungen über 200 MPa rot eingefärbt. Durch die Bohrungen erhöht sich die maximale Spannung nicht und liegt unter 300 MPa. Das Gewicht können wir dadurch weiter auf 107 kg reduzieren. Dank der Simulation mit Discovery Live konnten wir beim Konstruieren die Spannungen ausgleichen und das Gewicht um 18 % senken.

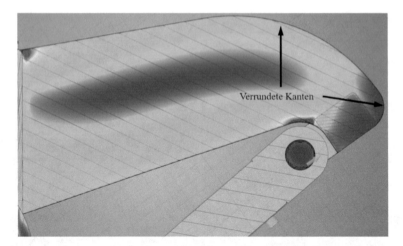

Abb. 3.17   Von-Mises Vergleichsspannungen der angepassten Geometrie

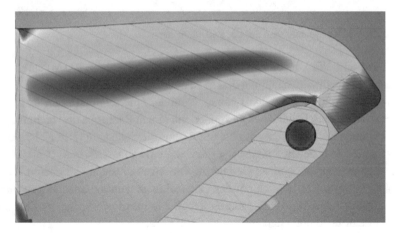

Abb. 3.18   Gleichmäßiger Spannungsverlauf

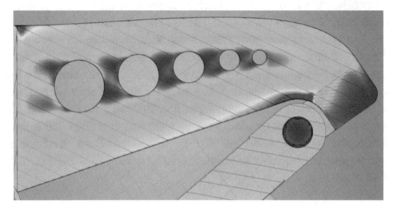

Abb. 3.19   Gewichtsoptimierter Verbindungsbalken

Torsion – möglichst geschlossene Profile verwenden

4

Im Alltag begegnen wir ständig Bauteilen, die einer Torsionsbelastung ausgesetzt sind. Zum Beispiel beim Öffnen einer Trinkflasche mit Drehverschluss, beim Betätigen der Türklinke oder die Achsen unserer Fahrzeuge. Bei der Konstruktion ist zu beachten, dass das entstehende Torsionsmoment nicht unnötig groß wird. Durch ein geeignetes Profil können die entstehenden Spannungen und Verformungen unter Kontrolle gehalten werden. In den meisten Fällen ist eine hohe Torsionssteifigkeit gefordert, die durch den Einsatz von geschlossenen Profilen erreicht wird. In der Praxis ist dies aber nicht immer umsetzbar.

Beim Anwendungsbeispiel wird gezeigt, wie das Schließen eines Getriebegehäuses mittels eines Deckels die Torsionssteifigkeit markant erhöht.

4.1 Grundlagen

Durch Torsion werden in einem Bauteil Schubspannungen erzeugt. Im Gegensatz zum Biegemoment wirkt das Torsionsmoment um die Längsachse. Daher wird ein Körper nicht verbogen, sondern verdreht. Die Torsionskonstante gibt Auskunft über den Widerstand, den ein Körper gegen Torsion aufweist. Dabei treten wesentliche Unterschiede zwischen offenen und geschlossenen Profilen auf. In Abb. 4.1 ist schematisch der Unterschied des Kraftflusses zwischen offenen und geschlossenen Profilen dargestellt.

4.1.1 Torsionsspannung

Das innere Torsionsmoment kann, wie die anderen inneren Lasten, durch das Freischneiden bestimmt werden. Das Torsionsmoment liegt dabei in der Ebene des Schnittes und verursacht Schubspannungen, die in der Ebene liegen. Anhand einer einseitig eingespann-

© Springer-Verlag GmbH Deutschland, ein Teil von Springer Nature 2020
M. Brand et al., *Physik begreifen – besser konstruieren*,
https://doi.org/10.1007/978-3-662-60824-1_4

Offener Querschnitt   Geschlossener Querschnitt

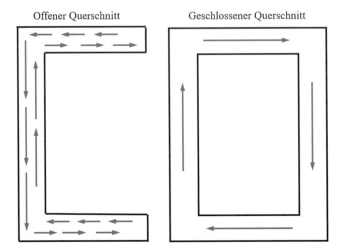

Abb. 4.1 Spannungsströme in einem offenen/geschlossenem Querschnitt

Abb. 4.2 Durch Torsion
belastete Vollwelle

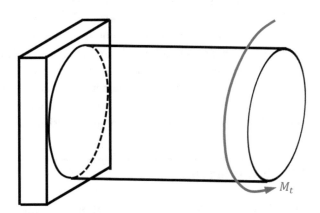

ten Vollwelle, wie in Abb. 4.2 dargestellt, werden die Torsionsspannungen erklärt. Auf die
Vollwelle wirkt ein Torsionsmoment (M_t)

Die dadurch entstehende Torsionsspannung kann mit folgender Formel berechnet werden:

$$\tau_t = \frac{M_t}{W_t} \tag{4.1}$$

Wobei M_t das auftretende Torsionsmoment und W_t das Torsionswiderstandsmoment ist.
Für geschlossene Wellen und Rohre entspricht das Torsionswiderstandsmoment dem pola-
ren Widerstandsmoment $\left(W_t = \dfrac{I_p}{r} \right)$. Das polare Flächenmoment lässt sich bei geschlossenen Wellen und Rohren mit

$$I_p = \int_A r^2 \cdot dA \tag{4.2}$$

Abb. 4.3 Im Kreisquerschnitt
entstehende
Torsionsspannungen

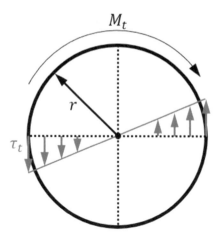

berechnen. Wobei $r^2 = x^2 + y^2$ und dA die Differenzialfläche ist. Demnach ist das polare Flächenmoment einer Welle doppelt so groß wie das Flächenträgheitsmoment für Biegung. Wie beim Biegemoment sind die auftretenden Spannungen nicht gleichmäßig über den Flächenquerschnitt verteilt. An den Randfasern herrschen die stärksten Torsionsspannungen. Zur Wellenachse nimmt die Torsionsspannung, wie in Abb. 4.3 dargestellt, ab.

Wie beim Biegemoment gilt es, das Torsionsmoment möglichst klein zu halten. Mittels des Torsionswiderstandsmoments können die auftretenden Torsionsspannungen unter Kontrolle gehalten werden. Das Torsionswiderstandsmoment ist als Designgröße für den Konstrukteur möglichst groß zu halten, damit die auftretenden Torsionsspannungen kleiner werden. Für viele Standard-Querschnittsflächen findet man in der Literatur passende Formeln für die polaren Flächenmomente, oder man kann sie anderweitig z. B. im CAD anzeigen lassen.

4.1.2 Verdrehung bei Torsionsbeanspruchung

Neben der Größe der Torsionsspannung ist auch immer die am Bauteil auftretende Verdrehung wichtig. Sie sollte im Regelfall möglichst klein ausfallen. Bei der in Abb. 4.2 dargestellten einseitig eingespannten Vollwelle lässt sich die maximale Verdrehung (φ) beim Torsionsmoment (M_t) mit der Formel (4.3) berechnen und ist in Abb. 4.4 schematisch dargestellt.

$$\varphi = \frac{M_t \cdot l}{G \cdot I_p} \cdot \frac{180^\circ}{\pi} \qquad (4.3)$$

Dabei ist l die Länge der Vollwelle und G das Schubmodul. Das Schubmodul ist ein Maß für die Steifigkeit des Werkstoffes bei Schubbelastung und kann mit dem Elastizitätsmodul für Druck- und Zugspannung verglichen werden.

Abb. 4.4 Verformung durch
Torsion

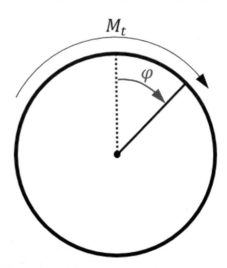

4.1.3 Torsionsbeanspruchung geschlossener und offener Profile

Man unterscheidet offene und geschlossene Profile. Diese Querschnitte reagieren auf ein Torsionsmoment sehr unterschiedlich. Bei den offenen Profilen müssen sich die Schubspannungen in Teilquerschnitten ausgleichen, bei geschlossenen Profilen wirken sie umlaufend, wie in Abb. 4.1 gezeigt wurde. Dadurch erzeugen kleine Torsionsmomente bei offenen Profilen schon große Spannungen. Anhand der Berechnung für das Torsionsflächenmoment wird dessen Bedeutung analysiert.

Bei geschlossenen, dünnwandigen, rechteckigen Profilen kann das Torsionsflächenmoment mit

$$I_t = \frac{4 \cdot A_m^{\,2}}{\int \frac{ds}{t}} \approx \frac{4 \cdot h_m^{\,2} \cdot b_m^{\,2}}{\frac{h_m}{t_1} + \frac{b_m}{t_2} + \frac{h_m}{t_3} + \frac{b_m}{t_4}} \tag{4.4}$$

berechnet werden. Wobei A_m die mittlere eingeschlossene Fläche, s die Länge des diskretisierten Elements und t seine Dicke ist. In Abb. 4.5 ist ein Beispiel der Anwendung der Formel für ein Rechteckprofil mit unterschiedlichen Wandstärken zu sehen. Für den Konstrukteur heißt dies, die eingeschlossene Fläche A_m so groß wie möglich zu gestalten.

Für offene, dünnwandige Profile, die aus Rechtecken zusammengesetzt sind, kann folgende Formel benutzt werden.

$$I_t = \frac{\eta}{3} \cdot \sum t_i^{\,3} \cdot b_i = \frac{\eta}{3} \cdot \left(t_1^{\,3} \cdot b_1 + t_2^{\,3} \cdot b_2 + t_3^{\,3} \cdot b_3 \right) \tag{4.5}$$

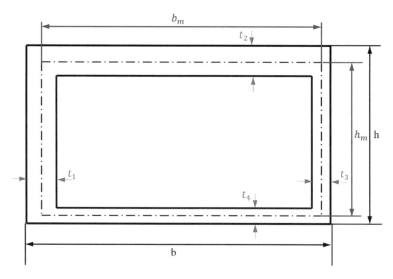

Abb. 4.5 Berechnung des Torsionsflächenmoments eines geschlossenen, dünnwandigen Profils

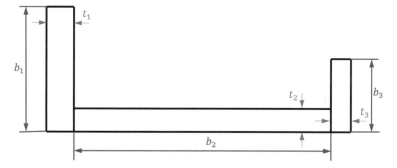

Abb. 4.6 Berechnung des Torsionsflächenmoments eines offenen, dünnwandigen Profils

Wobei η ein Korrekturwert ist. Dieser ist für L-Profile ca. 1 und für I-Profile im Bereich zwischen 1,15 und 1,3. In Abb. 4.6 sind die Variablen für die Formel (4.5) definiert.

Aus den Formeln (4.4) und (4.5) ist zu erkennen, dass für offene Profile die Breite und Höhe nur in der ersten Potenz zum Torsionsflächenmoment beiträgt. Die viel kleinere Dicke der Rechtecke steht dafür in der dritten Potenz. Die Breite und Höhe von geschlossenen Profilen, welche im Verhältniss zur Dicke viel grösser sind, werden quadriert. Dadurch ist das Torsionsfächenmoment für geschlossene Profile um ein Vielfaches grösser.

Um Torsion optimal abzuleiten und die resultierenden Spannungen zu minimieren, sollte man zuerst auf geschlossene Profile achten. Dabei ist die eingeschlossene Fläche A_m der entscheidende Faktor. Lässt sich das geschlossene Profil nicht realisieren, soll die Dicke der Elemente verwendet werden, um die Spannungen zu kontrollieren.

4.2 Bedeutung

Anhand eines kastenartigen Hohlprofiles wird der Einfluss einer Öffnung in einem durch Torsion belastetem Bauteil untersucht. Abb. 4.7a zeigt das Bauteil ohne Schlitz. Die Querschnittsfläche am linken Ende dient als feste Abstützung. Auf der rechten Seite wird das Bauteil durch ein konstantes Torsionsmoment belastet. Die Kontaktstellen werden für die Auswertung ignoriert. Dafür wurden die Flächen des Bauteils, wie in Abb. 4.7a gezeigt, getrennt. In das Hohlprofil wird nun in der Mitte einen Schlitz eingefügt, wie in Abb. 4.7b dargestellt. Oft werden Kabel oder Leitungen in solchen Hohlprofilen verstaut, die durch einen solchen Schlitz ins Bauteil eingeführt werden.

In Abb. 4.8 sind Vergleichsspannungen für die beiden Bauteile zu sehen. Für beide Bauteile wurde die Legende so angepasst, dass die gleiche Farbe derselben Spannung entspricht. Beim geschlossenen Profil in Abb. 4.8a entsteht eine maximale Von-Mises Spannung von 21 MPa und es verdreht sich über die gesamte Länge um 0,44 mm. Die Spannungen verteilen sich gleichmäßig über die gesamte Querschnittsfläche. Durch die Öffnung im Bauteil erhöht sich die maximale Spannung auf 210 MPa wie in Abb. 4.8b gezeigt wird. Zudem entsteht eine Verdrehung von 0,8 mm. Obwohl das Bauteil nicht über die gesamte Länge geschlitzt ist, hat der Schlitz einen beachtlichen Einfluss auf das Ergebnis, wenn das Bauteil auf Torsion belastet wird.

In Abb. 4.9 ist die Verformung der kastenartigen Hohlprofile zu sehen. Die Legende wurde so angepasst, dass sie für beide Abbildungen gleich ist. Abb. 4.9a zeigt die Verfor-

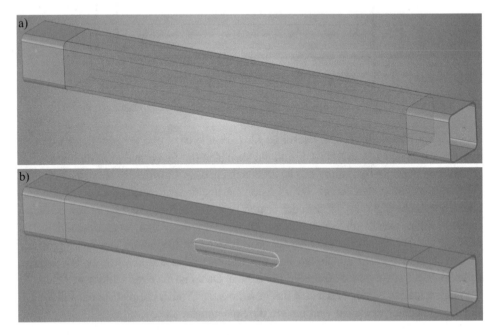

Abb. 4.7 Geometrie kastenartigen Hohlprofil

Abb. 4.8 Von-Mises Vergleichsspannungen kastenartiges Holprofil

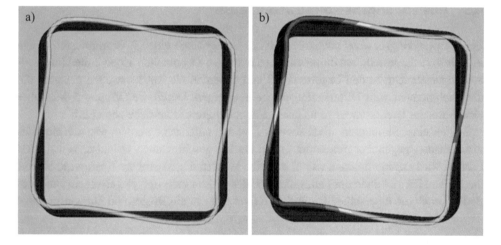

Abb. 4.9 Verformung kastenartiges Hohlprofil

mung ohne Aussparung. Dadurch verformt sich das Profil gleichmäßig. Die Verformung mit der Aussparung ist in Abb. 4.9b zu sehen. Auf der linken Seite, der Seite der Aussparung, verformt sich das Profil mehr.

Der in den Grundlagen erarbeitete Ansatz, bei offenen Profilen die Dicke zu erhöhen, wird nun angewendet, um die Schwächung durch die Öffnung im Hohlprofil zu kompensieren. In Abb. 4.10 wurde das Hohlprofil um die Öffnung verstärkt. Abb. 4.10a zeigt die Von-Mises Vergleichsspannungen mit derselben Farbkodierung wie in Abb. 4.8. Durch die Verstärkung können die auftretenden Spannungen reduziert werden. In Abb. 4.10b ist die Verformung zu sehen. Die Verformung des Hohlprofiles ohne Öffnung ist mit dem Hohlprofil mit Öffnung und Verstärkung vergleichbar. Das Zentrum der Verwindung ist nun wieder in der Mitte des Hohlprofiles und symmetrisch.

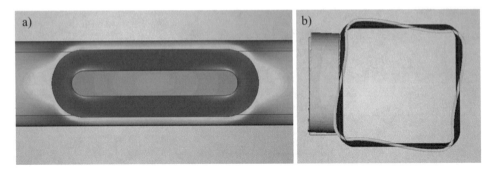

Abb. 4.10   Verstärktes Hohlprofil Von-Mises Vergleichsspannungen **a**) Verformung **b**)

4.3   Anwendungsbeispiel Gussgehäuse

Beim Anwendungsbeispiel betrachten wir das Gussgehäuse einer Traktorhinterachse, wie in Abb. 4.11 dargestellt. An dieser sind in den beiden Lagerstellen 1 und 2 die Hinterrad-achsen angebracht. In den Lagerstellen 3 und 4 werden die Antriebswellen gelagert, die das Drehmoment vom Differenzialgetriebe übertragen. Durch die Öffnung 5 wird über eine Welle das Drehmoment vom Getriebe dem Differenzialgetriebe zugeführt.

Mittels einer Simulation mit Discovery Live soll untersucht werden, wie sich ein offe-nes Gehäuse, gegenüber einem mit einem Deckel geschlossenen Gehäuse, verhält. Als Lastfall wird angenommen, dass auf das eine Hinterrad eine größere Kraft wirkt als auf das andere. Dies ist dann der Fall, wenn sich der Traktor zum Beispiel an einem Hang be-findet. Durch die unterschiedlich großen Kräfte entsteht ein Biege- und Torsionsmoment

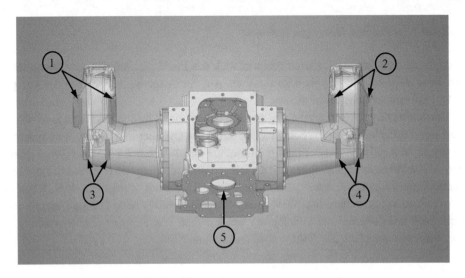

Abb. 4.11   Gussgehäuse einer Traktorhinterachse

im mittleren Gehäuse. Damit wir uns auf die Torsionsspannungen fokussieren können, vereinfachen wir den Lastfall und ignorieren die entstehenden Biegespannungen.

In Abb. 4.12 sind die Randbedingungen für die Simulation dargestellt. An der Lagerstelle 4, auf der rechten Seite, wird die Baugruppe fixiert. Auf der linken Seite, in der Lagerstelle 3, wird ein Drehmoment von 6000 Nm eingeleitet. Die maximal zulässige Spannung für das mittlere, aus Grauguss gefertigte Gussstück, wird auf 85 MPa festgelegt. Die beiden äußeren Gussteile werden aus einem Stahlguss gefertigt, deren maximal erlaubte Spannung 240 MPa ist. Durch die unterschiedlichen Materialien sind die Gussstücke unterschiedlich belastbar.

Durch das Drehmoment verwindet sich die Baugruppe um 0,46 mm. Die Verformung der Baugruppe ist in Abb. 4.13 zu sehen. Durch die offene Seite des mittleren Gussstückes reduziert sich die Torsionssteifigkeit. Die dabei entstehenden Von-Mises Vergleichsspannungen sind in Abb. 4.14 zu sehen. Das Drehmoment verursacht eine maximale Spannung im mittleren Gussstück von ca. 37 MPa. Da wir in der Simulation Vereinfachungen vorgenommen haben, um Torsionsspannungen zu analysieren, können wir die simulierte Vergleichsspannung nicht mit den zulässigen Werten vergleichen; wir konzentrieren uns vielmehr auf die Torsionsbelastung und die Beeinflussung durch die Querschnittgestaltung. Im Bereich der Öffnung 5 und am oberen Rand der Öffnung können wir erhöhte Spannungen feststellen.

Damit wir einen Vergleich zu einem geschlossenen Gehäuse durchführen können, montieren wir einen Deckel auf das mittlere Gussstück. In Abb. 4.15 ist der mit dem Gussstück verschraubte Deckel zu sehen. Dadurch erhöhen wir die Torsionssteifigkeit und können die Verformung und Spannung reduzieren.

Die Verformungen und Von-Mises Vergleichsspannungen, des durch den Deckel verstärkten Gussstücks, sind in Abb. 4.16, respektive Abb. 4.17 zu sehen. Die Legenden wurden so angepasst, dass diese Abbildungen mit der Abb. 4.13 und 4.14 verglichen werden können. Durch den Deckel reduziert sich die Verformung der Baugruppe auf 0,36 mm. Dies ist eine Reduktion von 22 % gegenüber der offenen Variante. Die maximale Span-

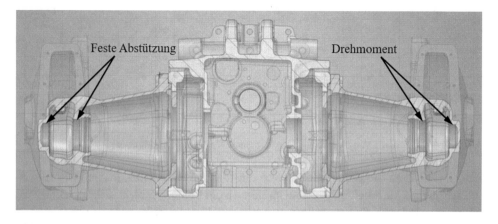

Abb. 4.12 Randbedingungen Gehäuse

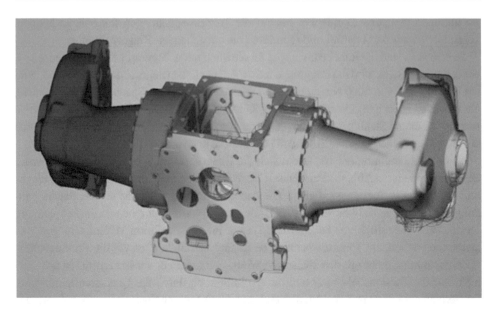

Abb. 4.13 Verformung verursacht durch das Drehmoment

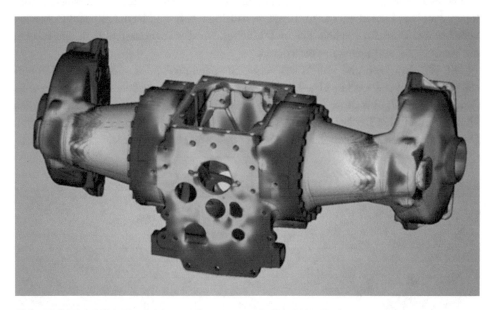

Abb. 4.14 Von-Mises Vergleichsspannung verursacht durch das Drehmoment

nung im mittleren Gussstück reduziert sich um 46 % auf ca. 20 MPa. In Abb. 4.17 können wir sehen, dass die erhöhte Spannung im Bereich der Öffnung 5 nicht mehr auszumachen ist. Zudem sind auch die Spannungen an der oberen Kante verschwunden. Dies zeigt, dass die Schließung eines offenen Profils mittels eines Deckels angebracht sein kann, um die

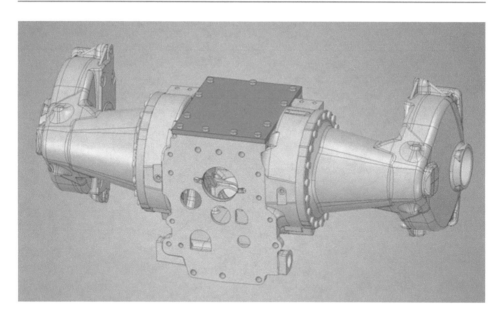

Abb. 4.15 Mit einem Deckel verstärktes Gehäuse

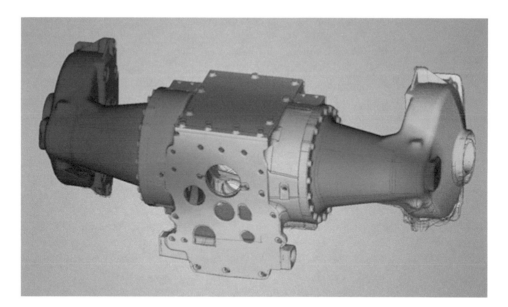

Abb. 4.16 Verformung des durch den Deckel verstärkten Gussstücks

Torsionssteifigkeit einer offenen Geometrie zu erhöhen. Die in der Praxis erzielbare Versteifung durch einen aufgeschraubten Deckel wird nicht ganz so effektiv sein, da die Verschraubung eine etwas höhere Nachgiebigkeit ergibt. Der Grundsatz, möglichst geschlossene Profile zu verwenden bleibt jedoch gültig.

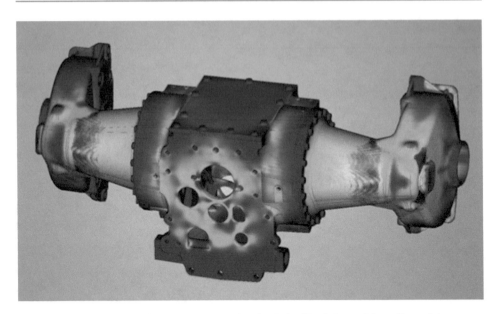

Abb. 4.17 Von-Mises Vergleichsspannungen des durch den Deckel verstärkten Gussstücks

Steifigkeitssprünge vermeiden

5

Steifigkeitssprünge sind bei rein statischer Belastung relativ unbedenklich, müssen aber bei dynamischer Belastung vermieden werden. Sie entstehen zum Beispiel bei zugbelasteten Stäben mit aufgeschweißten Laschen, oder bei sprunghaften Übergängen vom offenen zum geschlossenen Profil bei Torsionsbeanspruchung.

Beim Anwendungsbeispiel wird gezeigt, wie ein Steifigkeitssprung an einem Baggerarm verringert werden kann, und somit die dadurch auftretenden Spannungen reduziert werden.

5.1 Grundlagen

Der Spannungszuwachs bei einem Steifigkeitssprung, verursacht durch eine Geometrieänderung, wird anhand des Kraftflusses veranschaulicht. Kräfte können nicht wirklich fließen, doch durch diese Anschaulichkeit, lässt sich die Grundlage des Spannungszuwachses einfacher erklären. Wenn sich der Querschnitt entlang des Kraftflusses verändert, passen sich die Kraftlinien der neuen Geometrie an. Dies kann mit einem von Wasser durchströmten Rohr verglichen werden, dessen Durchmesser in Fließrichtung verkleinert wird.

Anhand einer zugbelastenden Welle, wie in Abb. 5.1 gezeigt, werden die dabei entstehenden Kräfte erklärt. Die äußeren Kräfte sind blau eingezeichnet, und die dabei entstehenden inneren Kräfte rot. Durch den Steifigkeitssprung der Welle, entsteht ein Längsschub entlang der Gleitlinie. Um die inneren Kräfte zu bestimmen, wird ein quadratisches Element auf der Gleitlinie freigeschnitten. Durch den Längsschub in x-Richtung würde das Element zu rotieren beginnen. Damit die Kräfte und Momente, die auf das quadratische Element wirken, ausgeglichen sind, muss ein Querschub in y-Richtung wirken. Dieser muss den gleichen Betrag aufweisen, um das verursachte Moment auszugleichen. Aus dem Längs- und Querschub resultieren Zug- und Druckkräfte. Wenn Längs- und Querschub

© Springer-Verlag GmbH Deutschland, ein Teil von Springer Nature 2020
M. Brand et al., *Physik begreifen – besser konstruieren*,
https://doi.org/10.1007/978-3-662-60824-1_5

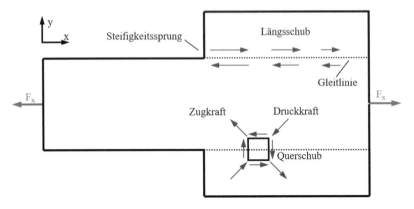

Abb. 5.1 Entstehung von Querschub bei einem Steifigkeitssprung

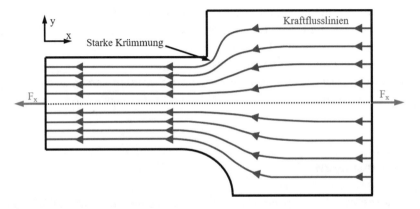

Abb. 5.2 Veranschaulichung der Kraftflusslinien

denselben Betrag haben, entweichen die Zug- und Druckkräfte in einem Winkel von 45°. Die von außen wirkenden Kräfte werden über in ihrer Richtung variierende Zugspannungen in den größer werdenden Querschnitt verteilt. Der Längsschub reduziert sich dabei entlang der Gleitlinie bis die Spannungen über den gesamten Querschnitt homogen verteilt sind.

In der oberen Hälfte in Abb. 5.2 sind die Kraftflusslinien für einen scharfkantigen Übergang eingezeichnet und in der unteren Hälfte die eines verrundeten. Da die Welle nur auf Zug belastet wird, entsteht ein Kraftfluss in x-Richtung. Im Bereich des Übergangs, hat die x-Kraft durch die Richtungsänderung eine y-Komponente, die umso höher ist, je stärker sich die Richtung ändert. Eine plötzliche, stark konzentrierte Änderung des Kraftflusses führt zu höheren, lokalen Spannungen. Deshalb ist bei abrupten Steifigkeitsübergängen (obere Hälfte), die Spannung höher, als bei langsamen Änderungen im Kraftfluss. Direkt an der Kante entstehen die größten Spannungen. Mit zunehmender Entfernung nimmt die Krümmung der Kraftflusslinien und die Spannung ab. Würde die Kante in einer perfekten

Ecke enden, würden an dieser Stelle theoretisch unendlich hohe Spannungen entstehen. In der Realität tritt dies nicht auf, da immer eine kleine Verrundung vorliegt (zum Beispiel Eckenradius des Drehmeißels) und das Material bei zu hohen Spannungen mit einer plastischen Verformung reagiert, die die Spannung lokal abbaut. Beim in der unteren Hälfte gezeigten Radius können die Kraftflusslinien der Kontur folgen. Dadurch wird die Änderung des Kraftflusses auf einen größeren Bereich verteilt und die Spannungen werden verringert.

Wie bereits festgestellt, hängt der Zuwachs der Spannung von dem Steifigkeitsübergang des sogenannten Steifigkeitssprungs ab. Durch eine geeignete Auslegung der Geometrie kann der Steifigkeitsübergang sanft erfolgen, um den Spannungszuwachs so klein wie möglich zu halten. Der Kraftfluss fließt auf möglichst direktem Weg durch ein Bauteil. Dabei werden starke Winkelabweichungen im Kraftfluss vermieden. Daraus lässt sich schließen, dass ein langsamerer Steifigkeitsübergang bei einem Steifigkeitssprung die lokale Spannungserhöhung wenig beeinflusst.

5.2 Bedeutung

Anhand unterschiedlicher Steifigkeitsübergänge wird deren Einfluss auf die Spannungsspitzen veranschaulicht. Als Ausgangslage dient eine 600 mm lange, 200 mm breite und 20 mm dicke Platte aus Baustahl. Diese wird, wie in Abb. 5.3 gezeigt, einer Zugbelastung ausgesetzt. Auf der linken Seite wird die Platte mit einer festen Abstützung fixiert. Rechts wird eine Kraft von 250 kN eingeleitet. Für die Auswertung wird in der Mitte eine Linie erstellt. Diese beginnt bei 300 mm und ist 250 mm lang. Damit lässt sich der Spannungsverlauf in der Platte bestimmen und es wird gezeigt, wie sich die verschiedenen Übergänge und Steifigkeitssprünge quantitativ auswirken.

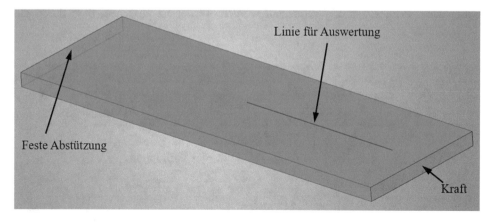

Abb. 5.3 Randbedingungen

Durch die CAD-Geometrie entstehen perfekte (unendlich scharfe) Ecken, welche zu unendlich hohen Spannungen beziehungsweise lokalem Plastifizieren führen würden. Um Schweißnaht oder Steifigkeitsübergänge mit extrem kleinen Radien zu simulieren, muss die unbekannte, winzige Eckengeometrie geometrisch abgebildet, das Plastifizieren des Materials simuliert werden und die Auflösung in der Simulation lokal sehr hoch sein, um ein brauchbares Resultat zu erzielen. Für solche Detailuntersuchungen ist Discovery Live nicht entwickelt worden. Trotzdem lässt sich der Trend aufzeigen, dass sanfte Steifigkeits- übergänge niedrigere Spannungen erzeugen. Die numerischen Werte aus der Simulation in unmittelbarer Nähe der Kante sind nicht für den Festigkeitsnachweis gedacht, doch es reicht, um verschiedene Steifigkeitsübergänge zu vergleichen und sich der Gestaltung des Steifigkeitssprungs bewusst zu werden.

Mit diesen Randbedingungen wird erwartet, dass in der Platte eine gleichmäßig ver- teilte Spannung von

$$\sigma_z = \frac{F}{A} = \frac{250\,kN}{4000\,mm^2} \approx 62,5\,MPa \tag{5.1}$$

vorliegt. Dieses Ergebnis kann mit Discovery Live bestätigt werden. Die Auswertung des Spannungsverlauf über die gezeichnete Linie ergibt einen gleichmäßigen Spannungs- verlauf von 62,5 MPa.

Durch das Hinzufügen einer Versteifungsplatte in der Mitte der Platte über die gesamte Breite wird ein Steifigkeitssprung verursacht. Um eine Biegung durch einseitiges Hinzu- fügen einer Versteifungsplatte zu verhindern, wird auf der Ober- und Unterseite je eine Versteifungsplatte angebracht, wie in Abb. 5.4 dargestellt. Dadurch werden zusätzliche Biegespannungen verhindert. Durch das Gestalten von unterschiedlichen Steifigkeitsüber- gängen und Anbringen von Bauteilen, die unterschiedliche Steifigkeitssprünge verursa- chen, wird deren Einfluss auf die maximal entstehende Spannung analysiert.

Die dadurch auftretenden Von-Mises Vergleichsspannungen sind in Abb. 5.5 zu sehen. Im Bereich der Kante der Versteifungsplatte treten lokal hohe Spannungen auf, welche durch den Steifigkeitssprung verursacht werden. Weiter ist zu sehen, dass durch die

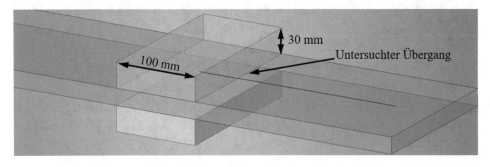

Abb. 5.4 Geometrie für die Erzeugung eines Steifigkeitssprungs auf der Platte

Limitierung des Winkels für die Übertragung der Spannungen, die Ecken relativ wenig belastet werden.

Für die weiteren Simulationen werden verschiedene Formen des Steifigkeitsübergangs miteinander verglichen. Als erstes wird eine Simulation mit einer 45° und 30° Fase durchgeführt. Basierend auf den Grundlagen in Abschn. 5.1 sollten sich die Spannungen bei der 30° Fase stärker reduzieren als mit 45°.

In Abb. 5.6 sind die Von-Mises Vergleichsspannungen für die zwei verschiedenen Steifigkeitsübergänge zu sehen. Die Skala der Legende ist gleich wie in Abb. 5.5. Bereits

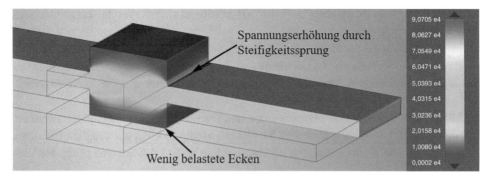

Abb. 5.5 Von-Mises Vergleichsspannungen

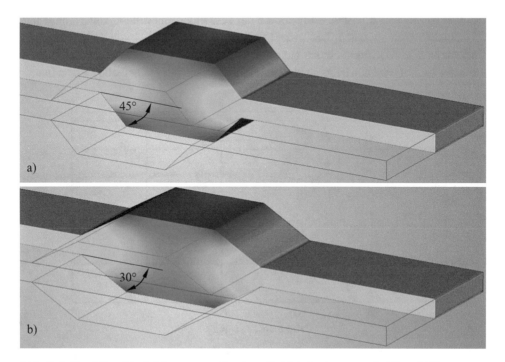

Abb. 5.6 Von-Mises Vergleichsspannung für einen Steifigkeitsübergang mit 45° und 30°

anhand der Farbgebung in Abb. 5.6, ist ein Unterschied der auftretenden Spannung im Bereich des Steifigkeitssprung zwischen einer 45° und 30° Fase auszumachen.

Um die Spannungen auch quantitativ auszuwerten, werden die Spannungen entlang der Linie für die drei unterschiedlichen Steifigkeitsübergänge in einem Diagramm dargestellt. Im Diagramm in Abb. 5.7 ist die Distanz vom Anfangspunkt der Linie auf der x-Achse und die Von-Mises Vergleichsspannung auf der y-Achse aufgetragen. Da die Versteifungsplatte jedes Mal dieselben Dimensionen hat, verschiebt sich durch die Fase die Position der Spannungserhöhung. Zwischen der Versteifungsplatte mit dem 90° und 45° Steifigkeits-übergang reduzierte sich die maximale Vergleichsspannung von 77,4 MPa auf 76,8 MPa. Wird der Winkel ein wenig abgeflacht, auf 30°, verringert sich die Vergleichsspannung auf 74,9 MPa.

In der Praxis wird als einfaches und kostengünstiges Designelement daher oft beim Aufbringen von Verstärkungsblechen eine einseitige flache Fase mit einem Verhältnis von 1:4 angebracht. Dadurch wird der Steifigkeitsübergang sanfter und die Spannungserhö-hung fällt geringer aus als ohne Fase.

Mit den erlangten Erkenntnissen werden nun weitere Steifigkeitsübergänge simuliert, um die Spannungserhöhung über dem Steifigkeitssprung so klein wie möglich zu halten. Das Verrunden der Kante mit einem Radius, wie in Abb. 5.2, scheint eine geeignete Vari-ante zu sein.

Eine weitere Möglichkeit ist es, einen Steifigkeitsübergang mit Zugdreiecken zu gestal-ten. Diese Gestaltung eines Steifigkeitsübergangs ist häufig in der Natur anzutreffen (Mat-theck 2010). In Abb. 5.8 ist eine Illustration der Gestaltung eines Steifigkeitssprungs mit-tels Zugdreiecken zu sehen. Das erste Dreieck hat einen Winkel von 45°. Das zweite Dreieck wird in Kraftflussrichtung angelegt. Dabei wird der Winkel halbiert und beträgt nur noch 22,5°. Dies kann beliebig oft fortgeführt werden. Für das aktuelle Design (und in

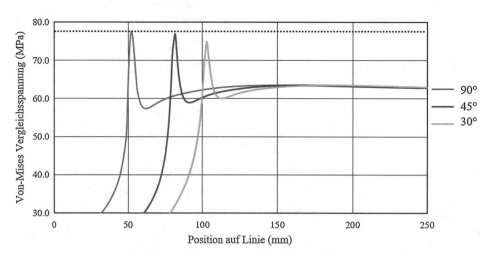

Abb. 5.7 Diagramm Von-Mises Vergleichsspannungen für einen Steifigkeitsübergang mit 90°, 45° und 30°

Abb. 5.8 Gestaltung eines Steifigkeitsübergangs mittels Zugdreiecken

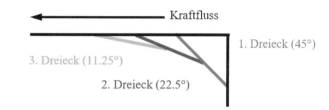

Abb. 5.9 Von-Mises Vergleichsspannungen für einen Steifigkeitsübergang mit 90° **a**), Radius **b**) und Zugdreiecken **c**)

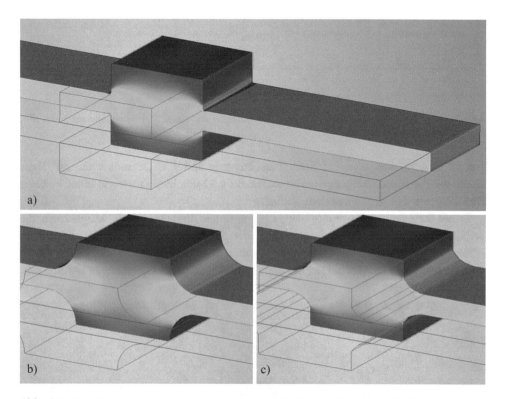

vielen praktischen Anwendungen) werden drei Zugdreiecke verwendet. Somit ist der entweichende Winkel 11,25°.

In Abb. 5.9 sind die Von-Mises Vergleichsspannungen zu sehen. Zwischen dem 90° Steifigkeitsübergang in Abb. 5.9a und der Variante mit dem Radius in Abb. 5.9b kann eine Reduktion der Spannungen ausgemacht werden. Obwohl mit der Zugdreieckmethode in Abb. 5.9c weniger Material hinzugefügt wurde, kann festgestellt werden, dass die Spannungen noch kleiner ausfallen als mit einem Radius.

Im Diagramm in Abb. 5.10 sind die Von-Mises Vergleichsspannungen entlang der Linie aufgetragen. Beim mit einem Radius verrundeten Steifigkeitssprung entsteht eine maximale Vergleichsspannung von 67,8 MPa. Dies entspricht einer Reduktion der Spannungen

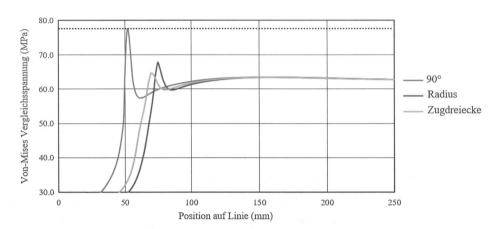

Abb. 5.10 Diagramm Von-Mises Vergleichsspannungen für einen Steifigkeitsübergang mit 90°, Radius und Zugdreiecken

von 12 % gegenüber dem 90° Steifigkeitsübergang und 9 % gegenüber der 30° Fase. Durch die Zugdreieckmethode wirken maximal 64,5 MPa. Dies entspricht einer weiteren Reduktion um 5 % gegenüber dem Radius.

Damit Steifigkeitssprünge möglichst klein ausfallen, besteht auch die Möglichkeit, die verbundene Kontaktfläche zu minimieren oder die Nachgiebigkeit der Versteifung zu erhöhen. Dadurch wird die Grundplatte in ihrer Ausdehnung durch die Zugbelastung weniger behindert. In Abb. 5.11a sind die Von-Mises Vergleichsspannungen für eine sehr

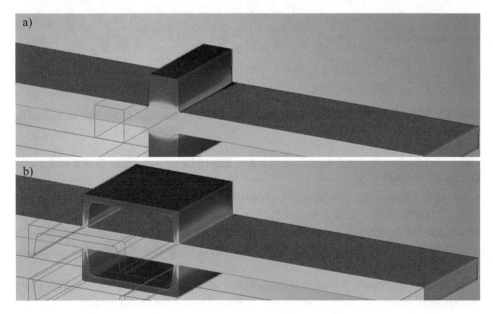

Abb. 5.11 Von-Mises Vergleichsspannungen für eine schmale Versteifungsplatte **a**) und ein U-Profil **b**)

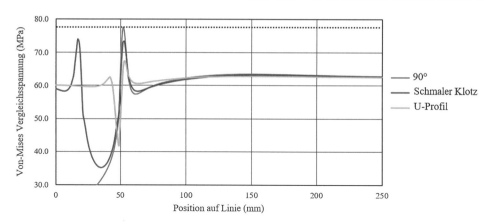

Abb. 5.12 Diagramm Von-Mises Vergleichsspannungen für einen 90° Steifigkeitsübergang mit initialer Steifigkeitsplatte, schmaler Steifigkeitsplatte und U-Profil

schmale Versteifungsplatte zu sehen. Diese verursacht eine kleinere Dehnungsbehinderung. In Abb. 5.11b wurde ein U-Profil auf der Grundplatte befestigt. Durch den kleineren Steifigkeitssprung fällt die Spannungserhöhung kleiner aus, obwohl ein 90° Steifigkeitsübergang vorliegt.

Im Diagramm in Abb. 5.12 sind die Von-Mises Vergleichsspannungen entlang der Linie aufgetragen. Da bei allen drei Varianten der Steifigkeitsübergang an derselben Position beginnt, sind die Spannungsspitzen im Diagramm nicht verschoben. Die schmalere Versteifungsplatte weist eine maximale Spannung von 73 MPa auf. Durch den geringeren Steifigkeitssprung fallen die Spannungen geringer aus. Noch geringer fällt der Steifigkeitssprung beim U-Profil aus. Obwohl es dieselben Außenmaße wie die ursprüngliche Versteifungsplatte hat, entsteht nur eine maximale Spannung von 67,2 MPa. Dies ist vor allem ihrer höheren Nachgiebigkeit zu verdanken. Durch die Verformung der Grundplatte wird das U-Profil gespreizt und verursacht dadurch einen kleineren Steifigkeitssprung.

5.3 Anwendungsbeispiel Baggerarm

Steifigkeitssprünge sind in den realen Bauteilen meist nicht zu vermeiden. Deshalb ist die beanspruchungsgerechte Gestaltung eine wichtige Aufgabe. Bis jetzt haben wir nur den zweidimensionalen Fall betrachtet. Unsere Beispiele im Abschn. 5.2 veränderten die Form nicht über die gesamte Breite der Grundplatte. In der Praxis sind wir oft mit dreidimensionalen Aufgabenstellungen konfrontiert. Die Gestaltung des Steifigkeitsüberganges entlang des Kraftflusses kann nun in eine Dimension erweitert werden, was den Konstruktionsfreiraum vergrößert.

Bei einem Baggerarm wie er in Abb. 5.13 zu sehen ist, soll die Auslegung der bestehenden Geometrie verbessert werden, um die Anfälligkeit von Rissbildungen bei Steifigkeits-

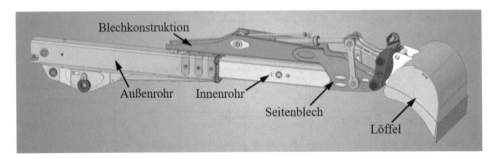

Abb. 5.13 Baugruppe des Baggerarms

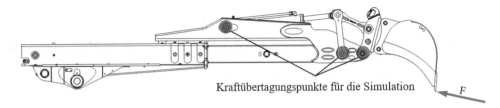

Abb. 5.14 Lastfall für die Optimierung der Seitenbleche

übergängen zu senken. Dabei konzentrieren wir uns vor allem auf die Steifigkeitssprünge. Die in Abb. 5.13 rot hervorgehobenen Seitenbleche sollen optimiert werden, um die Spannungsspitzen so klein wie möglich zu halten. Dabei dürfen die Spannungen einen maximalen Wert von 250 MPa nicht überschreiten.

Der Lastfall für die Optimierung der Bleche wird wie in Abb. 5.14 dargestellt definiert. Dieser kann beim Öffnen des Löffels eintreten. Für die folgenden Simulationen und Optimierungen wird nur von diesem Lastfall ausgegangen.

In Abb. 5.15 ist das vereinfachte Modell für die Simulation in Discovery Live mit den Randbedingungen zu sehen. Die Verschiebung in z- und x-Richtung wird an den Kontaktflächen zwischen dem Innenrohr und dem Außenrohr blockiert. Die y-Richtung wird durch den Bolzen beim Zylinder, der für das Ein- und Ausfahren des Innenrohrs zuständig ist, gesperrt. Die durch das Öffnen des Löffels entstehenden Kräfte und Positionen sind aus Abb. 5.15 zu entnehmen.

5.3.1 Ausgangslage

Durch die Simulation mit Discovery Live können wir die stark beanspruchten Bereiche lokalisieren. In Abb. 5.16 sind die Von-Mises Vergleichsspannungen für das aktuelle Design zu sehen. Pro Seitenblech können drei Bereiche identifiziert werden, bei denen die maximal erlaubte Spannung von 250 MPa überschritten wird. Den Spannungsverlauf in der Problemzone 1 kennen wir aus dem Abschn. 5.2. Der Steifigkeitsübergang wurde hier

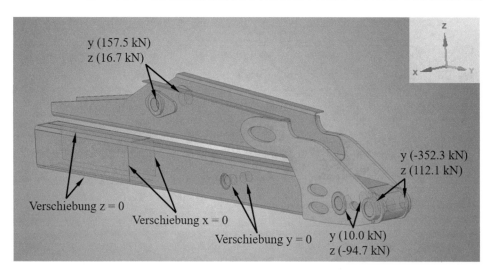

Abb. 5.15 Randbedingungen für den Baggerarm

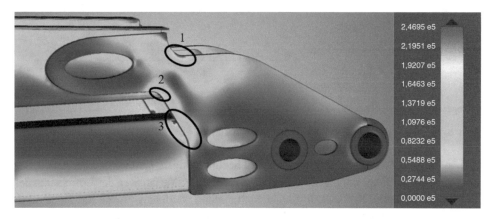

Abb. 5.16 Von-Mises Vergleichsspannungen Baggerarm Ausgangslage

schon mit einem Radius gestaltet. Da die maximal erlaubte Spannung trotzdem überschritten wird, muss eine Lösung gefunden werden, um die Spannungen weiter zu reduzieren. Auch bei der Problemzone 2 wurde der Steifigkeitsübergang mit einem Radius ausgelegt. An dieser Stelle kommt hinzu, dass ein Steifigkeitssprung zwischen der Blechkonstruktion und dem zu gestaltenden Seitenblech vorliegt. Bei der Problemzone 3 liegt ein Steifigkeitssprung zwischen dem Innenrohr und dem zu modifizierenden Seitenblech vor. Nun gilt es, die vorhanden Problemzonen zu entschärfen, ohne dabei neue zu schaffen.

Zur Veranschaulichung sind in Abb. 5.17 die Kraftflüsse eingezeichnet. Durch das Einfahren des Zylinders entsteht der Kraftfluss 1 von der Blechkonstruktion in die Seitenbleche. Ein Teil dieses Flusses fließt durch den Kraftfluss 2 in das Innenrohr. Von den weiteren Bolzen her fließt der Kraftfluss 3 Richtung Außenrohr.

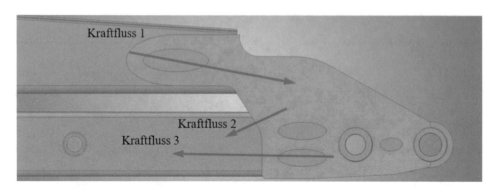

Abb. 5.17   Illustration Kraftfluss im Baggerarm

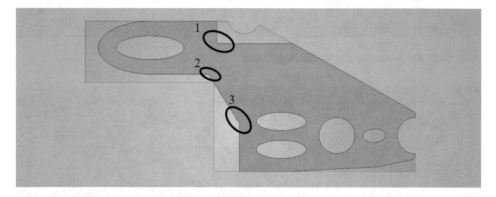

Abb. 5.18   Zur Verfügung stehender Konstruktionsraum

Um die Funktion des Baggerarms nicht zu beeinträchtigen, sind wir bei der Auslegung der Seitenbleche eingeschränkt. Damit über den gesamten Verfahrweg des Löffels und des Teleskoparmes keine Kollision mit anderen Bauteilen stattfindet, wurde der Konstruktionsraum, wie in Abb. 5.18 zu sehen, limitiert. Unsere Konstruktion darf nicht in die blau markierte Fläche ragen. Zudem können wir in Abb. 5.18 sehen, dass die Radien, wie markiert, entfernt wurden. Dadurch sind die Steifigkeitssprünge und unser zur Verfügung stehender Konstruktionsraum besser sichtbar.

5.3.2   Behebung der Problemzone 1

In Abb. 5.19 ist der Steifigkeitssprung des Kraftflusses 1 schematisch dargestellt. Die Höhe der grünen Fläche stellt die Steifigkeit im Verlauf des Kraftflusses dar. Zur Vereinfachung beschränken wir uns auf den zweidimensionalen Fall und vernachlässigen die Aufdickung durch die Blechkonstruktion. Am linken Ende der Linie liegt eine gewisse Steifigkeit des Bauteiles vor. Durch die Aussparung nimmt die Steifigkeit im blau markierten

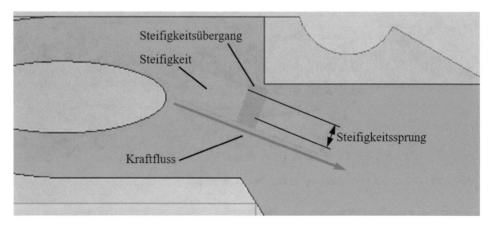

Abb. 5.19 Illustration Steifigkeit Kraftfluss 1

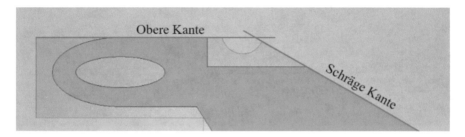

Abb. 5.20 Illustration der Problemstellung für die Problemzone 1

Bereich stark ab. Anschließend können wir wieder eine Zunahme der Steifigkeit feststellen. Wie bereits bei der Ursprungsgeometrie festgestellt, reicht ein Steifigkeitsübergang mit einem Radius nicht aus, deshalb muss diese Stelle optimiert werden.

Wir versuchen nun, die Steifigkeitszunahme auf einen größeren Bereich zu verteilen. Die Herausforderung besteht darin, die obere und die schräge Kante zu verbinden, ohne die vorgegebenen Konstruktionsgrenzen zu überschreiten, wie in Abb. 5.20 dargestellt.

Eine mögliche Variante ist in Abb. 5.21 zu sehen. Eine Tangente wird an die kreisförmige Einschränkung gelegt, die den Winkel zwischen den beiden Kanten halbiert. Dadurch entsteht eine kontinuierliche Steifigkeitszunahme und der Steifigkeitssprung wird über einen größeren Bereich verteilt. Die blau eingezeichneten Dreiecke werden weggeschnitten und das rot eingezeichnete Dreieck wird der Geometrie hinzugefügt. Die dabei entstehenden Ecken verrunden wir mit Radien, um eine möglichst kontinuierliche Form zu erhalten.

In Abb. 5.22 sind die Von-Mises Vergleichsspannungen für die neue Geometrie zu sehen. Durch den kontinuierlichen Steifigkeitsanstieg werden die Spannungsspitzen reduziert und die auftretenden Spannungen befinden sich nun im grünen Bereich.

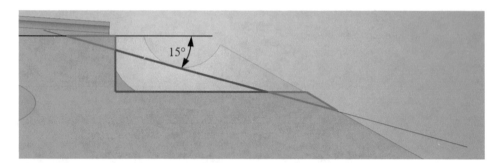

Abb. 5.21   Geometriemodifizierung für die Problemzone 1

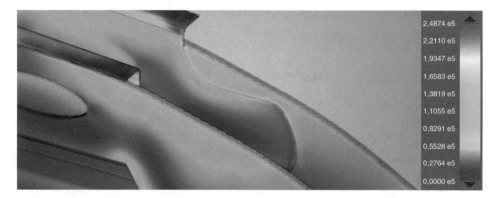

Abb. 5.22   Von-Mises Vergleichsspannungen der optimierten Geometrie für Problemzone 1

5.3.3   Behebung der Problemzonen 2 und 3

Nun kümmern wir uns um die anderen Problemzonen. Durch die optimierte Geometrie für die Problemzone 1, haben sich auch die Spannungen in der Problemzone 2 reduziert. Durch die neue Geometrie hat sich der minimale Querschnitt zwischen der Problemzone 1 und 2 vergrößert, was zu einer Reduktion der Spannungen führte, sodass mit der Maßnahme für Problemzone 1 auch die zweite erfolgreich behandelt wurde. Die Spannungen in der Problemzone 3 sind davon jedoch nicht betroffen und mit ca. 300 MPa zu hoch. Darum besteht hier weiterer Handlungsbedarf.

Die Problemzone 3 ist vom Kraftfluss 2 und 3 betroffen und dadurch ist es schwieriger einen Steifigkeitsübergang zu finden, der beiden Kraftflüssen gerecht wird. In Abb. 5.23 ist der Verlauf der Steifigkeit für den Kraftfluss 2 dargestellt. Zum einen entsteht ein Steifigkeitssprung durch die Verbindung zwischen dem Innenrohr und dem Seitenblech. Durch das Innenrohr nimmt die Steifigkeit in Kraftflussrichtung zu. Folgen wir weiter dem Kraftfluss, entsteht nochmals ein Steifigkeitssprung am Rand des Seitenbleches, welcher blau markiert ist. Diesen können wir durch eine Anpassung der Geometrie des Seitenbleches beeinflussen.

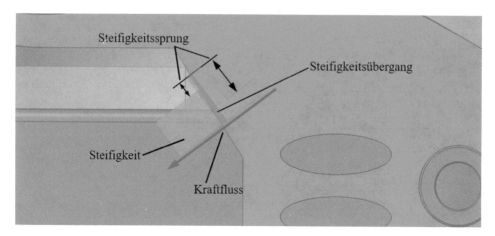

Abb. 5.23 Illustration Steifigkeit Kraftfluss 2

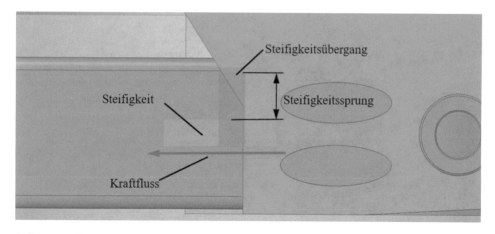

Abb. 5.24 Illustration Steifigkeit Kraftfluss 3

Nun analysieren wir den Steifigkeitsverlauf des Kraftflusses 3. Durch das Seitenblech und Innenrohr ist die Steifigkeit zu Beginn relative hoch. Durch das Ende des Seitenblechs entsteht ein Steifigkeitssprung entlang des Kraftflusses. Dieser wird durch die Schräge gedämpft, dadurch nimmt in diesem Bereich die Steifigkeit kontinuierlich ab, bis sie das Niveau des Innenrohrs erreicht, wie in Abb. 5.24 ersichtlich.

Bereits in der ursprünglichen Variante wurde mit der Schräge versucht, den Steifigkeitsübergang auf einen größeren Bereich zu verteilen. Wie in Abb. 5.25 zu sehen ist, wurde dabei ein negativer Winkel gewählt. Wie wir in Abb. 5.23 sehen können, entsteht durch die Schräge beim Kraftfluss 2 einen abrupten Steifigkeitsübergang. Bei einem positiven Winkel α entsteht ein stetiger Übergang was zu einer Reduktion der Spannungen führt. Um dies zu erreichen, müssen die Kanten wie in Abb. 5.25 durch die Pfeile gezeigt verschoben werden.

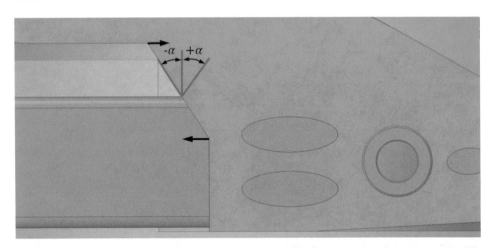

Abb. 5.25   Definition des Winkels

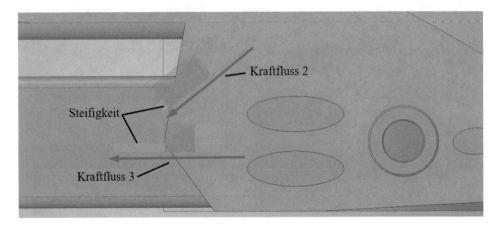

Abb. 5.26   Optimierte Steifigkeitsübergänge für den Kraftdluss 1 und 2

In Abb. 5.26 ist eine Variante der neuen Geometrie zu sehen. Zudem ist der Kraftfluss 2 und 3 eingezeichnet mit der dazugehörigen Steifigkeit. Durch die Modifizierung der Geometrie konnte beim Kraftfluss 2 bei einem Steifigkeitssprung ein kontinuierlicher Steifigkeitsübergang erreicht werden. Der Steifigkeitsübergang des Kraftflusses 3 ist nun über den gesamten Steifigkeitsübergang stetig.

Durch den spitzeren Winkel in der Problemzone 2 und die Reduzierung des Querschnittes zwischen der Problemzone 1 und 2, erhöht sich in diesem Bereich die Spannung. Durch die unmittelbare Nähe der zwei Problemzonen sind sie stark miteinander gekoppelt. Dies erschwert es uns, eine geeignete Lösung zu finden. Die Spannungen der Problemzone 2 können wie bei der ursprünglichen Variante mit einem Radius reduziert werden. Um möglichst niedrige Spannungen zu erzeugen, definieren wir den Radius so groß wie

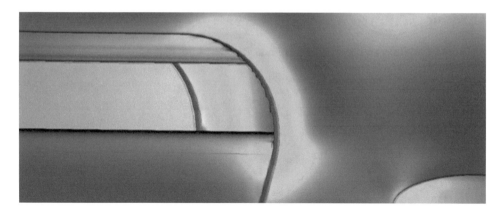

Abb. 5.27 Von-Mises Vergleichsspannung nach dem Verrunden der Kante in Problemzone 2

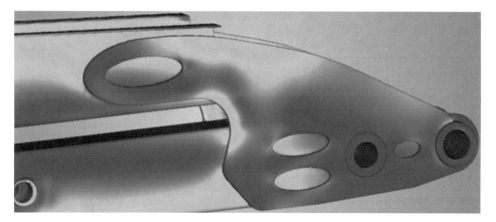

Abb. 5.28 Von-Mises Vergleichsspannungen für die optimierten Seitenbleche

möglich. Bei der aktuellen Position können wir die Geometrie mit einem 100 mm Radius verrunden, ohne dabei eine Kollision mit einem anderen Bauteil zu verursachen. Die Von-Mises Vergleichsspannungen für diese Geometrie sind in Abb. 5.27 zu sehen. Durch den Radius verringern sich die Spannungen in der Problemzone 2 auf ca. 180 MPa. Die maximale Spannung von 225 MPa befindet sich beim Übergang zum Innenrohr.

Durch das Verrunden der in Abb. 5.25 markierten Kante, kann diese noch etwas mehr nach links verschoben werden, wodurch der Winkel α noch etwas vergrößert wird, was zu einem flacheren Anstieg der Steifigkeit führt. In Abb. 5.28 sind die Von-Mises Vergleichsspannungen für die optimierte Geometrie der Seitenbleche zu sehen. Die maximale Spannung beträgt nun 224 MPa. Durch das Reduzieren von den Steifigkeitssprüngen und der angepassten Gestaltung der Steifigkeitsübergänge konnte die auftretende Vergleichsspannung deutlich reduziert werden.

Literatur

Mattheck C (2010) Denkwerkzeuge nach der Natur. Ringwald-Rust. Karlsruher Institut für Technologie, Karlsruhe

Geometriesprünge vermeiden

Geometriesprünge wie zum Beispiel Verengungen, Erweiterungen und Umlenkungen, sind in strömungstechnischen Anlagen unvermeidbar. Diese können zu Strömungsablösungen führen und daraus resultiert ein Energieverlust (Druckverlust). Darum gilt es in den meisten Anwendungen diese zu verhindern, beziehungsweise zu minimieren.

Beim Anwendungsbeispiel wird aufgezeigt, wie man mit Hilfe einer Querschnittsverengung einen Volumenstrom gleichmäßig aufteilen kann.

6.1 Grundlagen

6.1.1 Entstehung von Strömungsablösungen

Durch scharfe Kanten kann sich die Strömung von der Oberfläche ablösen und es entstehen Verwirbelungen wie in Abb. 6.1 dargestellt. Hinter dem Ablösepunkt (1) entsteht ein Ablösegebiet (2), das auch Totraum genannt wird. Die benötigte Energie, um die Wirbel zu erzeugen, geht als mechanische Energie verloren. Darum gilt es als Konstrukteur diese Ablösegebiete (2) möglichst zu minimieren, oder sogar zu verhindern. An einer Kante löst sich die Strömung ab, da die Beschleunigung auf ein Fluidteilchen unendlich groß sein müsste, um die schlagartige Richtungsänderung zu vollziehen. Da dies in der Realität infolge der Massenträgheit nicht möglich ist, kann das Fluidteilchen dem Verlauf der Oberfläche nicht folgen und die Strömung löst sich ab.

Auch an Flächen ohne Kanten kann es zu Strömungsablösungen kommen. Um das zu verstehen, muss man das Geschehen in der Grenzschicht näher betrachten. Als Grenzschicht wird der Bereich, in dem sich die relative Geschwindigkeit von null (an der Wand) an die Umgebungsgeschwindigkeit angleicht, bezeichnet.

© Springer-Verlag GmbH Deutschland, ein Teil von Springer Nature 2020
M. Brand et al., *Physik begreifen – besser konstruieren*,
https://doi.org/10.1007/978-3-662-60824-1_6

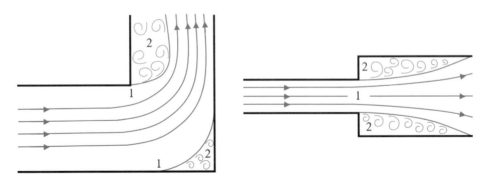

Abb. 6.1 Illustration von Ablösegebiete

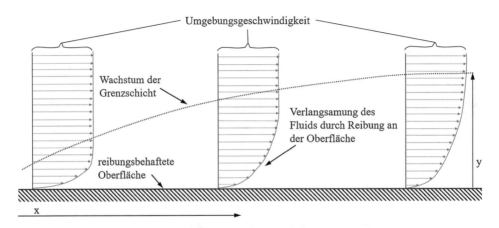

Abb. 6.2 Verlauf einer Grenzschicht

Zuerst wird der Begriff „relative Geschwindigkeit" (c_{rel}) definiert. Als Anschauungsbeispiel nehmen wir einen Körper (z. B. ein Flugzeug) der sich durch ein stehendes Fluid (z. B. Luft) mit einer bestimmten Geschwindigkeit (c) bewegt. Ein Fluidteilchen, das sich unmittelbar an der Oberfläche dieses Körpers befindet, hat dieselbe Geschwindigkeit wie dieser. Das heißt, seine relative Geschwindigkeit (c_{rel}) gegenüber diesem Körper ist gleich null. Weiter entfernt von dem Körper, wo die Fluidteilchen durch dessen Präsenz nicht gestört werden, bewegen sie sich nicht, und ihre relative Geschwindigkeit (c_{rel}) entspricht derjenigen, mit der sich der Körper bewegt ($c_{rel} = c$). Dies funktioniert auch mit der umgekehrten Betrachtungsweise, wo der Körper stillsteht und von einem Fluid umströmt wird. Daher ist die relative Geschwindigkeit nicht konstant und hängt von der aktuellen Geschwindigkeit eines Fluidteilchens und der des Körpers ab. Bei manchen Anwendungen bewegt sich der Körper und das Fluid.

Anhand einer flachen Platte wird nun die Grenzschicht genauer betrachtet, um den Grund für eine Ablösung zu verstehen. Dafür wird eine flache Platte mit Luft überströmt wie in Abb. 6.2 dargestellt. Entlang der Platte wird die Luft nicht beschleunigt und der statische

Druck bleibt gleich. Daraus ergibt sich, dass der Druckgradient entlang der flachen Platte gleich null ist. An der Oberfläche ist die relative Geschwindigkeit gleich null. Mit steigender Entfernung (y) von der Platte nimmt die relative Geschwindigkeit zu bis sie die Umgebungsgeschwindigkeit der ungestörten Strömung (c) erreicht hat. Die Dicke der Grenzschicht ist variabel und ändert sich entlang der Strömungsrichtung, abhängig von der Distanz (x). Da die verschiedenen Schichten in der Grenzschicht unterschiedliche Geschwindigkeiten haben, reiben sie aneinander und werden mit zunehmender Distanz (x) abgebremst. Die langsameren Fluidteilchen in der Grenzschicht verlieren dadurch an Energie.

Ist die Strömung einem positiven Druckgradienten in Strömungsrichtung ausgesetzt, zum Beispiel durch Verlangsamung der Umgebungsgeschwindigkeit, werden die Fluidteilchen entgegen der Strömungsrichtung beschleunigt. Wenn die Energie nahe der Oberfläche nicht ausreicht, um den Druckgradienten zu überwinden, löst sich die Strömung von der Oberfläche ab, wie in Abb. 6.3 dargestellt. Dies kann am Beispiel eines Diffusors beobachtet werden. Mit einer Erhöhung des Öffnungswinkels (β) wird der Druckgradient grösser und damit verschiebt sich der Ablösepunkt stromaufwärts. Dies zeigt, dass sich die Strömung auch an einer Fläche ohne Kante ablöst, und dass der Ablösepunkt kontrolliert werden kann.

Wenn zum Beispiel die Querschnittsfläche (A) bei einer Innenströmung vergrößert wird, sinkt die Durchschnittsgeschwindigkeit (c) und der statische Druck (p_{stat}) steigt an. Dadurch entsteht ein positiver Druckgradient in Strömungsrichtung, was zu einer Ablösung führen kann. Der Druckgradient kann durch den Öffnungswinkel (β) beeinflusst werden. Bei kleinerem Gradienten sinkt die Wahrscheinlichkeit einer Ablösung. Da Fluide mit geringerer Strömungsgeschwindigkeit (c) geringere Reibungsverluste haben, kann der Druckverlust bei Rohrleitungen verkleinert werden, wenn die Querschnittsfläche (A) vergrößert wird, um die Geschwindigkeit (c) zu senken. Dies kann durch einen stetigen,

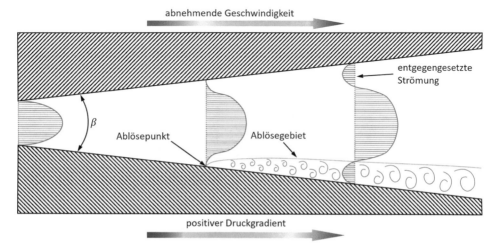

Abb. 6.3 Illustration einer Strömungsablösung aufgrund eines positiven Druckgradienten

oder unstetigen Übergang erfolgen. Ein negativer Druckgradient hingegen begünstigt die Haftung der Strömung an der Oberfläche eines Körpers und eine Ablösung kann verhindert werden.

Darum gilt es grundsätzlich Geometriesprünge zu vermeiden, um Totgebiete zu verhindern. **Wenn Geometriesprünge notwendig sind, kann ein Konstrukteur die Designgrößen Winkel und Radius einer Verrundung beeinflussen.**

6.1.2 Bestimmung des Druckverlustes

Aus den Strömungsablösungen bei Verengungen, Erweiterungen und Umlenkungen resultiert ein Druckverlust (Energieverlust). Dieser kann mittels Messungen, Simulationen oder analytischen Berechnungen ermittelt werden.

Analytisch lässt sich der Druckverlust (Δp_v) über einem Einbauteil mit

$$\Delta p_\mathrm{v} = \zeta \cdot \frac{\rho}{2} \cdot c^2 \tag{6.1}$$

berechnen. Wobei ρ die Dichte, c die durchschnittliche Strömungsgeschwindigkeit und ζ ein empirisch ermittelter Widerstandsbeiwert ist.

Bei Messungen und Simulationen muss der totale Druck vor (p_t1) und nach (p_t2) dem Einbauteil bestimmt werden. Wie in (6.2) beschrieben, besteht der totale Druck aus dem dynamischen (p_dyn) und statischen (p_stat) Druck.

$$p_\mathrm{t} = p_\mathrm{dyn} + p_\mathrm{stat} \tag{6.2}$$

wobei

$$p_\mathrm{dyn} = \frac{\rho}{2} \cdot c^2 \tag{6.3}$$

In einer reibungsfreien Umgebung ist der totale Druck konstant, denn es geht keine Energie durch Reibung verloren. Bei einer Geschwindigkeitsänderung variiert der dynamische Druck und beeinflusst den statischen Druck wie in Abb. 6.4 dargestellt. Wenn die Geschwindigkeit sinkt, erhöht sich der statische Druck.

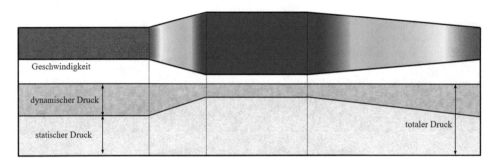

Abb. 6.4 Zusammenspiel statischer-dynamischer Druck bei einer reibungsfreien Strömung

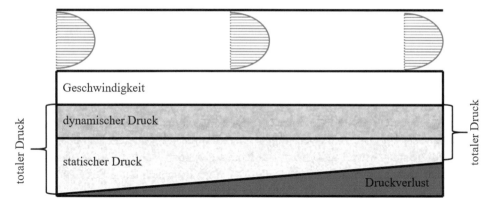

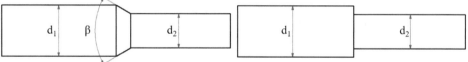

Abb. 6.5 Druckverlauf einer reibungsbehaftenden Strömung

Bei einer reibungsbehafteten Strömung sinkt der totale Druck über die Distanz. Bei gleichbleibender Geschwindigkeit nimmt der statische Druck über die Distanz ab wie in Abb. 6.5 dargestellt wird.

6.2 Bedeutung

Anhand einer Rohrverengung soll der Einfluss von stetigen und unstetigen Übergängen, wie in Abb. 6.6 dargestellt, analysiert werden. Wie aus (6.4) ersichtlich, kann der Widerstandsbeiwert eines unstetigen Übergangs durch die Kontraktionszahl (Ψ) bestimmt werden.

$$\zeta = 1{,}5 \cdot \left(\frac{1 - \psi}{\psi} \right)^2 \qquad (6.4)$$

Diese hängt vom Querschnittsverhältnis (A_2/A_1) ab und muss empirisch ermittelt werden. Bei einem gegebenen Massenstrom kann daher der Druckverlust über einen unstetigen Übergang nur über das Querschnittsverhältnis (A_2/A_1) beeinfluss werden. Bei einem stetigen Übergang hingegen, hängt der Widerstandsbeiwert zusätzlich vom Öffnungswinkel (β) ab. Wird dieser geeignet gewählt, können Ablösegebiete minimiert werden. Wie in (6.5) beschrieben, besteht der Widerstandsbeiwert (ζ) aus einem Beschleunigungswert (ζ_K) und einem Reibungsbeiwert (ζ_R).

$$\zeta = \zeta_K + \zeta_R \qquad (6.5)$$

Abb. 6.6 Geometrie stetiger- unstetiger Übergang

Für den Reibungsbeiwert wird die Rohreibungszahl (λ) benötigt, welche von empirischen Daten stammt. Je kleiner der Öffnungswinkel ist, desto länger ist das konische Übergangsstück und der Reibungsbeiwert erhöht sich wie in (6.6) beschrieben.

$$\zeta_R = 1{,}2 \cdot \lambda \cdot \frac{l_K}{d_2} \tag{6.6}$$

Ihm gegenüber steht der Beschleunigungsbeiwert (ζ_K), welcher mit zunehmendem Winkel grösser wird und vom Querschnittsverhältnis abhängt. Dadurch muss eine Balance zwischen Öffnungswinkel und Länge des Konus gefunden werden. Oft spielt auch der verfügbare Platz eine entscheidende Rolle. Bei einer Beschleunigung des Fluids ist die Gefahr einer Strömungsablösung durch den negativen Druckgradienten reduziert. Dadurch können größere Winkel gewählt werden als bei einer Rohrerweiterung.

Um ein Gefühl für den Unterschied zwischen einem stetigen und unstetigen Übergang zu bekommen, untersuchen wir das Phänomen durch eine Simulation mit Discovery Live. Dafür strömt Wasser (20 °C) durch ein Einlassrohr mit einem Innendurchmesser von 200 mm mit einer mittleren Strömungsgeschwindigkeit (c_1) von 2 m/s. Das Querschnittsverhältnis (A_2/A_1) wird für beide Übergänge auf 0,4 festgelegt. Weil sich die Durchschnittsgeschwindigkeit und damit der dynamische Druck ändert, muss der Totaldruck am Einlass $\left(p_{t_{ein}}\right)$ und Auslass $\left(p_{t_{aus}}\right)$ bestimmt werden. Dafür muss die Durchschnittsgeschwindigkeit (c) und der statische Druck (p_{stat}) vor und nach dem Übergang ausgelesen werden.

6.2.1   Unstetiger Übergang

Nachdem sich die Strömung in Discovery Live eingependelt hat, kann sie analysiert werden. Die Abb. 6.7 zeigt die x-Komponenten der Geschwindigkeitsverteilung in der Rohrleitungsmitte. Wärmere Farben zeigen eine erhöhte Geschwindigkeit, hellblau bedeutet Stillstand und die dunkelblauen Gebiete illustrieren eine abgelöste Strömung mit einer negativen x-Komponente. Durch die abgelöste Strömung verkleinert sich sogar die nutzbare Querschnittsfläche. Als Konsequenz wird das Fluid im Bereich des Ablösegebietes beschleunigt. Durch die unnötig erhöhte Geschwindigkeit und zusätzlichen Verwirbelungen entsteht also mehr Reibung, was zu einem erhöhten Energieverlust führt.

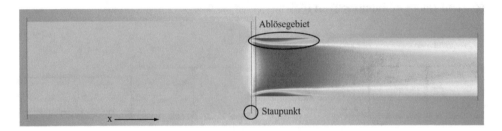

Abb. 6.7   Geschwindigkeitsverteilung in x-Richtung unstetiger Übergang

Um dies zu quantifizieren, wird der Druckverlust (Δp_v) ermittelt. Am Einlass des Rohres liefert Discovery Live einen statischen Druck (p_1) von 16.100 Pa und eine mittlere Geschwindigkeit (c_1) von 2 m/s. Der statische Druck am Auslass (p_2) ist als Randbedingung vorgegeben und beträgt 0 Pa. Die Geschwindigkeit (c_2) ist 4,82 m/s. Nun lässt sich der totale Druck am Einlass $\left(p_{t_\mathrm{ein}} \right)$ und Auslass $\left(p_{t_\mathrm{aus}} \right)$ wie folgt bestimmen:

$$p_{t_\mathrm{ein}} = \frac{998\,\frac{kg}{m^3}}{2} \cdot \left(2\,\frac{m}{s} \right)^2 + 16.100\,Pa \approx 18.100\,Pa \tag{6.7}$$

$$p_{t_\mathrm{aus}} = \frac{998\,\frac{kg}{m^3}}{2} \cdot \left(4{,}82\,\frac{m}{s} \right)^2 + 0\,Pa \approx 11.600\,Pa \tag{6.8}$$

Und daraus lässt sich der Druckverlust (Δp_v) mit

$$\Delta p_\mathrm{v} = p_{t_\mathrm{ein}} - p_{t_\mathrm{aus}} = 18.100\,Pa - 11.600\,Pa \approx 6500\,Pa \tag{6.9}$$

bestimmen. Bei diesem unstetigen Übergang können wir also von einem Druckverlust (Δp_v) von 6500 Pa ausgehen.

6.2.2 Stetiger Übergang

Zum Vergleich wird mit Discovery Live eine Rohrverengung mit einem stetigen Übergang simuliert. Dadurch sollen die Ablösegebiete minimiert werden, was zu einem geringeren Druckverlust führen soll. Im folgenden Beispiel wird der Öffnungswinkel (β) auf 60° festgelegt. Die übrigen Dimensionen und Randbedingungen werden von dem vorherigen Beispiel übernommen.

Das Geschwindigkeitsprofil in x-Richtung in der Mitte des Rohres ist in Abb. 6.8 dargestellt. Dunkelblau entspricht einer relativen Geschwindigkeit von 0 m/s. Im Gegensatz zu dem unstetigen Übergang sind bei dieser Simulation keine Ablösegebiete sichtbar. Durch den stetigen Übergang kann das Fluid gleichmäßig beschleunigt werden und folgt der Geometrie der Oberfläche. Das Fluid wird nicht mehr beschleunigt als notwendig. Dadurch wird ein kleinerer Druckverlust (Δp_v) erwartet.

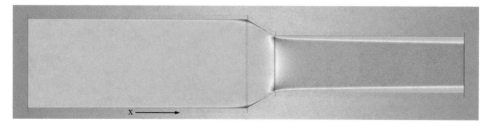

Abb. 6.8 Geschwindigkeitsverteilung in x-Richtung stetiger Übergang

Wieder wird der totale Druck am Einlass $\left(p_{t_{ein}}\right)$ und Auslass $\left(p_{t_{aus}}\right)$ berechnet,

$$p_{t_{ein}} = \frac{998\,\frac{kg}{m^3}}{2} \cdot \left(1{,}99\,\frac{m}{s}\right)^2 + 12.700\,Pa \approx 14.700\,Pa \tag{6.10}$$

$$p_{t_{aus}} = \frac{998\,\frac{kg}{m^3}}{2} \cdot \left(4{,}78\,\frac{m}{s}\right)^2 + 0\,Pa \approx 11.400\,Pa \tag{6.11}$$

und anschließend der Druckverlust (Δp_v).

$$\Delta p_v = p_{t_{ein}} - p_{t_{aus}} = 14.700\,Pa - 11.400\,Pa \approx 3300\,Pa \tag{6.12}$$

Über den stetigen Übergang wird, mit den aus Discovery Live ermittelten Werten, ein Druckverlust (Δp_v) von 3300 Pa berechnet. Durch das Verhindern eines Ablösegebietes mit einem stetigen Übergang, konnte der Druckverlust über dem Einbauteil um 49 % verringert werden.

6.3   Anwendungsbeispiel Duschanlage

Bei einer Duschanlage für zwei Kabinen soll gewährleistet werden, dass beide mit der gleichen Menge Wasser versorgt werden. Die Anlage wird von einer Zubringerleitung mit einem Innendurchmesser (d_{in}) von 50 mm gespeist. Durch eine asymmetrische Verzweigung, wie in Abb. 6.9, wird das Wasser zu den jeweiligen Kabinen gebracht. Die eine Leitung hat dieselbe Flucht wie die Zubringerleitung und die andere zweigt unter einem Winkel von 60° ab. Um den Volumenstrom zu zwingen, sich gleichmäßig aufzuteilen, müssen die Querschnitte angepasst werden. Für die Dimensionierung und um die Strömungsverluste zu reduzieren, werden Parameteruntersuchungen mit Discovery Live durchgeführt.

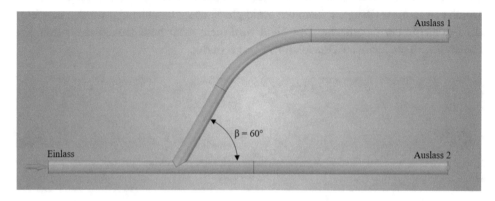

Abb. 6.9 Geometrie Verzweigung

Für die Simulation wird Wasser (20 °C) verwendet. Durch das Einlassrohr fließt ein Volumenstrom von 18 l/min. Daraus ergibt sich einen Massenstrom von 0,3 kg/s oder eine durchschnittliche Geschwindigkeit am Einlass von

$$c_{in} = \frac{\dot{V}_{in}}{A_{in}} = \frac{18\frac{l}{min}}{0,002m^2} = 0,15\frac{m}{s} \tag{6.13}$$

Da die zwei Leitungen zu den Duschkabinen nahezu identisch sind, wird angenommen, dass an den jeweiligen Auslassrohren derselbe Druck herrscht. Deshalb wird für die Simulation der Auslassdruck an beiden Rohrenden auf 0 Pa festgelegt.

6.3.1 Analyse der Ist-Situation

Um die Ausgangslage festzustellen, verschaffen wir uns zuerst einen Überblick der Situation ohne Verengung. Dadurch kann festgestellt werden, welches Auslassrohr verengt werden muss. In Abb. 6.10 sehen wir die Partikelverteilung in der Verzweigung. Die Farbe eines Partikels gibt Auskunft über seine Geschwindigkeit, wobei wärmere Farben eine höhere Geschwindigkeit darstellen. Aus der Simulation geht hervor, dass bei unverändertem Rohrdurchmesser ca. 3,5 l/min durch die abgezweigte Leitung fließt. Deshalb verengen wir den weiterführenden Innendurchmesser (d_2) in der Simulation, bis wir zwei gleiche Volumenströme beobachtet können.

6.3.2 Unstetige Verengung

Zuerst wird der erforderliche Innendurchmesser (d_2) mit einem unstetigen Übergang 300 mm nach der Verzweigung ermittelt, wie in Abb. 6.11 dargestellt.

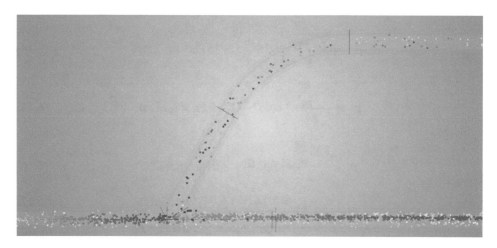

Abb. 6.10 Partikelverteilung in der Verzweigung ohne Verengung

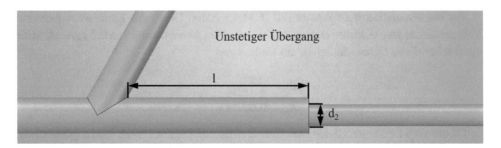

Abb. 6.11 Unstetiger Übergang

Mit Discovery Live richten wir dafür eine Parameteruntersuchung ein, um den passenden Innenrohrdurchmesser (d_2) herauszufinden. Bedingt durch die Strömungsablösung können die Werte der definierten Monitorpunkte zur Ergebnisanzeige in Discovery Live zeitlich stark variieren. Discovery Live rechnet transient. Das heißt, dass die Strömung über der echten zeitlichen Entwicklung dargestellt wird. Daraus ergibt sich, dass man für Vergleiche auf eingeschwungene Ergebnisse achten muss, und es aufgrund von Ablösungen immer eine gewisse Restschwingbreite geben kann. Um in der Parameteruntersuchung Vergleiche auf Basis von Ausreißern zu verhindern, aktivieren wir in den Simulationsoptionen die Zeitmittelwert-Ergebnisanzeige, wie in Abb. 6.12 gezeigt wird.

Um den passenden Innendurchmesser (d_2) zu ermitteln, erstellen wir ein Diagramm und tragen die Volumenströme $\left(\dot{V}_1, \dot{V}_2 \right)$ auf der y-Achse und den Innendurchmesser (d_2) auf der x-Achse auf, wie in Abb. 6.13 gezeigt. Beim Schnittpunkt der zwei Linien können wir den gesuchten Innendurchmesser (d_2) herauslesen.

Aus der Abb. 6.13 ist ersichtlich, dass der Innendurchmesser (d_2) ca. 38 mm betragen muss, um den Volumenstrom gleichmäßig aufzuteilen.

Um den gesamten Druckverlust der Verzweigung zu berechnen, müssen wir den totalen Druck am Einlass und an den zwei Auslassrohren berechnen.

$$p_{t_{ein}} = \frac{998 \frac{kg}{m^3}}{2} \cdot \left(0,15 \frac{m}{s} \right)^2 + 15 \, Pa \approx 26,2 \, Pa \tag{6.14}$$

$$p_{t_1} = \frac{998 \frac{kg}{m^3}}{2} \cdot \left(0,067 \frac{m}{s} \right)^2 + 0 \, Pa \approx 2,24 \, Pa \tag{6.15}$$

$$p_{t_2} = \frac{998 \frac{kg}{m^3}}{2} \cdot \left(0,11 \frac{m}{s} \right)^2 + 0 \, Pa \approx 6,04 \, Pa \tag{6.16}$$

$$p_{t_{aus}} = p_{t_1} + p_{t_2} = 2,24 \, Pa + 6,04 \, Pa \approx 8,28 \, Pa \tag{6.17}$$

$$\Delta p_v = p_{t_{ein}} - p_{t_{aus}} = 26,2 \, Pa - 8,28 \, Pa \approx 17,9 \, Pa \tag{6.18}$$

Mit der Simulation ermitteln wir einen Druckverlust von 17,9 Pa über die Verzweigung.

Abb. 6.12
Simulationsoptionen von der
Parameteruntersuchung für die
Verzweigung

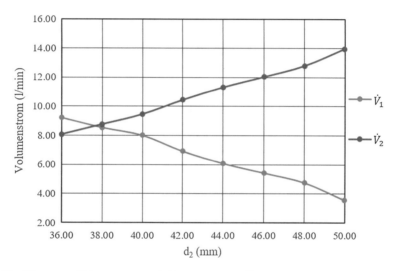

Abb. 6.13 Diagramm Volumenstromaufteilung unstetiger Übergang

6.3.3 Stetige Verengung

Im Abschn. 6.2.2 wurde mit einem stetigen Übergang, mit einem Querschnittsverhältnis von 0,4, der Druckverlust um ca. 50 % reduziert. Um den Effekt eines stetigen Übergangs zu untersuchen, wird für dasselbe Szenario ein Konus mit einem Öffnungswinkel (β) von 60° konstruiert. Die Position der Verengung bleibt dabei unverändert bei 300 mm nach der Verzweigung, wie in Abb. 6.14 dargestellt.

Wie zuvor richten wir eine Parameteruntersuchung ein, um den geeigneten Innenrohrdurchmesser (d_2) zu finden. Da der erwartete Innenrohrdurchmesser (d_2) etwa gleich sein wird wie bei der unstetigen Verengung, starten wir die Parameteruntersuchung bei einem Innendurchmesser von 40 mm.

Abb. 6.14 Stetiger Übergang

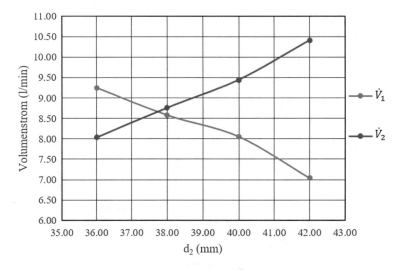

Abb. 6.15 Diagramm Volumenstromaufteilung stetiger Übergang

In der Abb. 6.15 können wir sehen, dass sich der Innendurchmesser (d_2) unwesentlich ändert, um die Volumenströme gleichmäßig auszugleichen. Um den Druckverlust zu bestimmen, wird der totale Druck am Einlass und den zwei Auslassrohren bestimmt.

$$p_{t_{ein}} = \frac{998\,\frac{kg}{m^3}}{2} \cdot \left(0{,}15\,\frac{m}{s}\right)^2 + 14{,}4\,Pa \approx 25{,}6\,Pa \qquad (6.19)$$

$$p_{t_1} = \frac{998\,\frac{kg}{m^3}}{2} \cdot \left(0{,}068\,\frac{m}{s}\right)^2 + 0\,Pa \approx 2{,}31\,Pa \qquad (6.20)$$

$$p_{t_2} = \frac{998\,\frac{kg}{m^3}}{2} \cdot \left(0{,}12\,\frac{m}{s}\right)^2 + 0\,Pa \approx 7{,}19\,Pa \qquad (6.21)$$

$$p_{t_{aus}} = p_{t_1} + p_{t_2} = 2,31\,Pa + 7,19\,Pa \approx 9,5\,Pa \tag{6.22}$$

$$\Delta p_v = p_{t_{ein}} - p_{t_{aus}} = 25,6\,Pa - 9,5\,Pa \approx 16,1\,Pa \tag{6.23}$$

Bei der Verzweigung mit einem stetigen Übergang, beträgt der simulierte Druckverlust 16,1 Pa. Durch die Simulationen können wir feststellen, dass sich mit einer stetigen Verengung der Druckverlust über die Verzweigung um 10 % reduzieren lässt. Der resultierende Rohrinnendurchmesser, um den Volumenstrom gleichmäßig aufzuteilen, ist in diesem Fall bei der stetigen und unstetigen Verengung gleich.

6.3.4 Blende

Durch die Reduzierung des Innenrohrdurchmesser (d_2) entsteht ein höherer Druckverlust in der weiterführenden Leitung, wie in Kap. 7 beschrieben wird. Der somit reduzierte Druckverlust wird in dem weiteren Rohrleitungssystem wieder zunichte gemacht. Mit einer Blende, wie in Abb. 6.16 dargestellt, kann der Volumenstrom auch gleichmäßig aufgeteilt werden, aber mit dem Vorteil, dass die weiterführende Rohrleitung denselben Innenrohrdurchmesser (d_2) aufweist und dadurch der Druckverlust für die gesamte Duschanlage nicht ansteigt.

Durch den reduzierten Staudruck, der daraus resultiert, erwarten wir, dass der notwendige Blendendurchmesser (d_B), um den Volumenstrom gleichmäßig aufzuteilen, kleiner sein wird. Darum starten wir die folgende Parameteruntersuchung mit einem Blendendurchmesser (d_B) von 38 mm.

Wie in Abb. 6.17 ersichtlich, ist ein Blendendurchmesser (d_B) von ca. 32 mm nötig, um den Volumenstrom gleichmäßig aufzuteilen. Wie zuvor berechnen wir den Druckverlust.

$$p_{t_{ein}} = \frac{998\,\frac{kg}{m^3}}{2} \cdot \left(0,15\,\frac{m}{s}\right)^2 + 14,9\,Pa \approx 26,1\,Pa \tag{6.24}$$

$$p_{t_1} = \frac{998\,\frac{kg}{m^3}}{2} \cdot \left(0,066\,\frac{m}{s}\right)^2 + 0\,Pa \approx 2,17\,Pa \tag{6.25}$$

$$p_{t_2} = \frac{998\,\frac{kg}{m^3}}{2} \cdot \left(0,7\,\frac{m}{s}\right)^2 + 0\,Pa \approx 2,45\,Pa \tag{6.26}$$

$$p_{t_{aus}} = p_{t_1} + p_{t_2} = 2,17\,Pa + 2,45\,Pa \approx 4,62\,Pa \tag{6.27}$$

$$\Delta p_v = p_{t_{ein}} - p_{t_{aus}} = 26,1\,Pa - 4,62\,Pa \approx 21,5\,Pa \tag{6.28}$$

Durch den Einbau der Blende erhöht sich der Druckverlust über die simulierte Verzweigung um 5,4 Pa. Über die gesamte Duschanlage hingegen reduziert sich der Druckverlust,

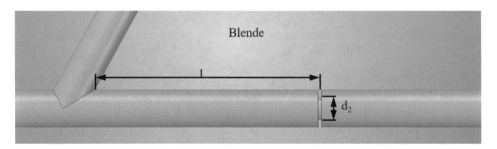

Abb. 6.16 Blende

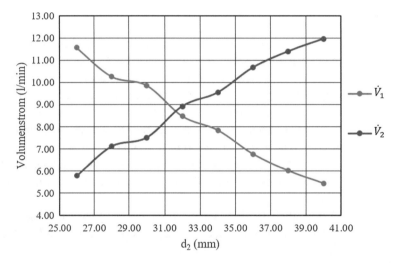

Abb. 6.17 Diagramm Volumenstromaufteilung Blende

da die fortlaufenden Leitungen einen größeren Durchmesser haben. Dadurch reduziert sich der Druckverlust in den Leitungen selbst um mehr als 5,4 Pa. Um den Druckverlust über die Verzweigung zu minimieren, müssen wir die Strömung optimieren. Hier bietet sich eine Betrachtung der Geschwindigkeitsverteilung an, um das Verhalten der Strömung zu analysieren. In Abb. 6.18 ist die Geschwindigkeitsverteilung in der Rohrmitte dargestellt. Wir können drei größere Ablösegebiete ausmachen, die aufgrund der Verzweigung (Ablösegebiete 1 und 3) und durch die Blende (Ablösegebiet 2) entstehen.

Um als Konstrukteur Designoptimierungen vorzunehmen, um den Druckverlust zu reduzieren, muss die Ursache für die Ablösegebiete analysiert werden. Für das Ablösegebiet 1 und 2 können wir die jeweilige Kante als Ursache ausmachen. Wie in den Grundlagen in Abschn. 6.1.1 erklärt, kann das Fluidteilchen durch die Massenträgheit dem Verlauf der Geometrie nicht folgen und löst sich von der Oberfläche ab. Bei dem dritten Ablösegebiet hingegen ist der Verlauf der Geometrie kontinuierlich und eine Kante als Ursache können

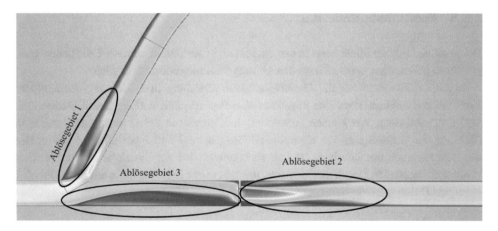

Abb. 6.18 Geschwindigkeitsverteilung der Verzweigung mit einer Blende

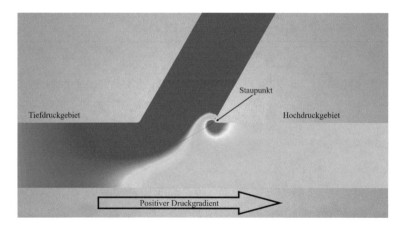

Abb. 6.19 Druckkonturen der Verzweigung $d_2 = 38$ *mm*

wir ausschließen. Weiter wurde im Abschn. 6.1.1 erklärt, dass ein positiver Druckgradient eine Strömung dazu bringen kann, sich von der Oberfläche abzulösen. In Abb. 6.19 können wir die Druckverteilung in der Rohrmitte sehen.

Um den Fokus auf das dritte Ablösegebiet zu legen, passen wir die Legende so an, dass das gesamte Farbspektrum an diesem Ort angezeigt wird. Aus der Simulation geht hervor, dass durch die Verzweigung lokal ein positiver Druckgradient erzeugt wird. Durch die Rohrverengung wird dieser zusätzlich verstärkt und ist ausreichend, um eine Ablösung der Strömung zu verursachen. Durch die erzeugten Verwirbelungen wird mehr mechanische Energie benötigt, um die Anlage zu betreiben. Da nun die Ursache für die Strömungsablösung bekannt sind, kann der Konstrukteur Anpassungen an der Geometrie vornehmen, um die Ablösegebiete zu minimieren.

6.3.5   Positionsoptimierung

Der positive Druckgradient kann in diesem Fall nicht verhindert werden. Die Blende kann jedoch so positioniert werden, dass das Ablösegebiet möglichst klein wird.

In Abb. 6.20 sehen wir die Geschwindigkeitsverteilung in x-Richtung. Eine andere Farbe als rot zeigt an, dass eine negative x-Geschwindigkeit vorliegt und illustriert eine Strömungsablösung. Wir können feststellen, dass durch die Verschiebung der Blende in Richtung der Verzweigung vor allem die Ablösegebiete 2 und 3 beeinflusst werden. Um das Resultat auch quantitativ beurteilen zu können, wird der Druckverlust für alle drei Positionen berechnet. Durch Simulationen mit Discovery Live ermitteln wir die in Tab. 6.1 gezeigten Daten (gleiche Berechnungen wie in 6.24 bis 6.28).

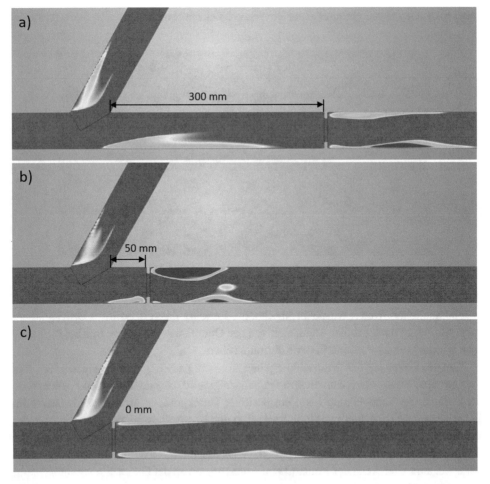

Abb. 6.20 Einfluss der Blendenposition auf die Ablösegebiete anhand der Geschwindigkeitsverteilung in x-Richtung

Tab. 6.1 Druckverlust und Volumenstromunterschied in Abhängigkeit der Position der Blende

Position in mm	d_2 in mm	Druckverlust (Δp_v) in Pa	Δ Volumenstrom in l/min $\left(\dot{V}_1 - \dot{V}_2\right)$
0	31,2	20,3	−0,5
50	31,6	21,7	0,1
100	31,8	21,1	−0,4
200	31,6	21,7	0,5
300	31,6	21,5	0,7

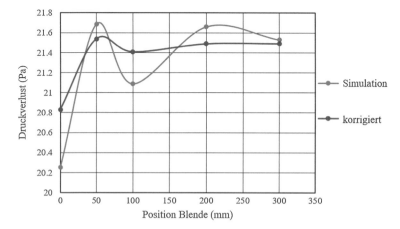

Abb. 6.21 Diagramm Druckverlust in Abhängigkeit der Position der Blende. Blau Resultat Discovery Live; Rot Korrigierte Werte

Die Werte des Druckverlustes in Tab. 6.1 können wir nicht direkt miteinander vergleichen, da die Volumenstromdifferenz nicht bei allen identisch ist. Den Volumenstrom genauer auszugleichen, ist mit dieser Simulation nicht möglich. Damit die Werte trotzdem miteinander verglichen werden könne, wird der ermittelte Druckverlust mathematisch korrigiert. Die Werte werden mit einem Korrekturfaktor multipliziert, der abhängig von der Volumenstromdifferenz ist. Dadurch wird der theoretische Druckverlust ausgerechnet, wenn die Volumenströme exakt ausgeglichen sind. In Abb. 6.21 sind die unterschiedlich resultierenden Kurven in einem Diagramm dargestellt. Die roten Punkte können nun miteinander verglichen werden. Aus dem Diagramm kann gelesen werden, dass je weiter entfernt die Blende angebracht wird, desto kleiner wird der Einfluss auf die Strömung in der Verzweigung. Ist die Distanz kleiner als 100 mm kann es, je nach Position, einen negativen oder positiven Effekt auf den Druckverlust haben.

In Abb. 6.20b können wir beobachten, dass das Ablösegebiet 3 durch die Verschiebung der Blende auf einen Abstand von 50 mm, verkleinert wurde. Gegenüber der Variante mit 300 mm Abstand in Abb. 6.20a, scheint das Ablösegebiet 2 durch die Verschiebung negativ beeinflusst zu werden. Wenn wir den Druckverlust der zwei Positionen miteinander vergleichen, kann dies bestätigt werden. Obwohl das Ablösegebiet 3 deutlich reduziert wurde, stieg der Druckverlust gegenüber der 300 mm Position sogar leicht an. Verschieben wir nun die Blende direkt an die Verzweigung, kann in Abb. 6.20c festgestellt werden, dass das Ablösegebiet 3 eliminiert wird. Auch die Ausprägung des Ablösegebietes 2 scheint reduziert worden zu sein. Dies bestätigt auch der Vergleich des Druckverlustes. Durch die Positionierung der Blende direkt an der Verzweigung, konnten wir die Ablösegebiete und den Druckverlust reduzieren. Durch die Strömungsoptimierung veränderte sich die Aufteilung des Volumenstromes. Um dies zu korrigieren, wird nun der Innendurchmesser der Blende auf 31 mm gesetzt.

6.3.6   Verzweigung Radius

Um das Ablösegebiet 1 zu minimieren, kann der Konstrukteur den Radius der Verzweigung beeinflussen, um abrupte Geometriesprünge zu vermeiden. Durch einen sanfteren Übergang folgt das Fluid eher der Geometrie. Dadurch ist der Volumenstrom ohne Verengung ausgeglichener und eine kleinere Verengung ist notwendig, um den Volumenstrom an den zwei Auslässen auszugleichen, wie in Abb. 6.22 zu sehen. Nur durch das Verrunden der Kante fließen nun 4,8 l/min statt den Ursprünglichen 3,5 l/min durch die abgezweigte Leitung.

Um die Auswirkung des Radius zu untersuchen, reduzieren wir wieder den Blendendurchmesser (d_B), um die Volumenströme auszugleichen. Um die verschiedenen Designänderungen miteinander vergleichen zu können, setzen wir die Position der Blende wieder auf die ursprünglichen 300 mm.

In Abb. 6.23 ist zu sehen, dass das Ablösegebiet 1 durch einen Radius minimiert wird. Um das Ergebnis quantitativ beurteilen zu können rechnen wir wieder den Druckverlust

Abb. 6.22   Partikelverteilung in der Verzweigung mit Radius

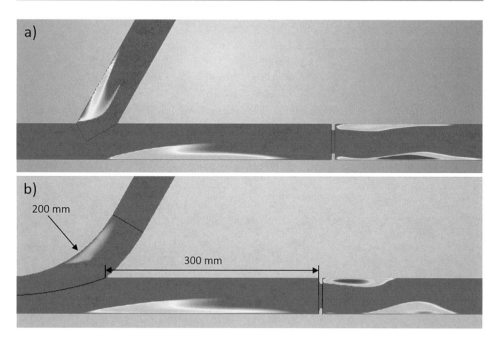

Abb. 6.23 Einfluss eines Radius auf die Ablösegebiete anhand der Geschwindigkeitsverteilung in x-Richtung

aus (gleiche Berechnungen wie in 6.24 bis 6.28). Durch die Minimierung des Ablösegebietes 1 und den kleineren Staudruck, der erzeugt werden muss, um die Volumenströme gleichmäßig aufzuteilen, reduziert sich der Druckverlust von 21,5 Pa auf 15,7 Pa. Dies entspricht einer Reduzierung um 27 %. Durch die ruhigere Strömung ist die Position der Blende nicht mehr von großer Bedeutung. Durch eine Positionierung der Blende direkt an der Verzweigung verändert sich der Druckverlust kaum mehr.

Durch das Beseitigen von abrupten Geometriesprüngen, mittels Anpassung der Geometrie, könne wir die Strömung positiv beeinflussen. Somit können Druckverluste reduziert und die Betriebskosten nachhaltig gesenkt werden. In dem Anwendungsbeispiel konnte mit einfachen Geometriemanipulation in Discovery Live der Druckverlust um 27 % gesenkt werden.

Umlenkungen geschickt lenken

7

Eine der Hauptaufgaben in der Fluiddynamik ist die Minimierung von Strömungsverlusten. Diese entstehen durch Reibung, Turbulenz (Wirbel) und Ablösungen. Im Folgenden wird der Einfluss der Designgrößen auf den Druckverlust von Innenströmungen betrachtet.

Anhand eines Anwendungsbeispiels wird gezeigt, wie eine Strömung gelenkt werden kann, um Ablösegebiete zu vermeiden und den nötigen Energiebedarf zu senken.

7.1 Grundlagen

Es wird zwischen laminarer und turbulenter Strömung unterschieden. Welche Strömungsform vorliegt, kann über die dimensionslose Reynoldszahl ermittelt werden:

$$Re = \frac{c \cdot d}{\upsilon} \tag{7.1}$$

Wobei c die Strömungsgeschwindigkeit, d der Rohrinnendurchmesser und υ die kinematische Viskosität ist.

Liegt die Reynoldszahl über 2300, ist eine Rohrströmung turbulent und darunter dementsprechend laminar.

Bei laminarer Strömung, auch Schichtströmung genannt, bewegen sich die Fluidteilchen auf zur Rohrachse parallelen Stromlinien. Die Fluidteilchen unterschiedlicher Stromlinien vermischen sich dabei nicht, auch wenn die Stromlinien unterschiedliche Geschwindigkeiten haben. Zwischen den Stromlinien wird kaum Energie ausgetauscht und es entsteht eine zeitlich stationäre Strömung wie in Abb. 7.1a dargestellt. Bei laminarer Rohrströmung ist die maximale Geschwindigkeit in der Mitte des Rohres ca. doppelt so groß wie die Durchschnittsgeschwindigkeit.

© Springer-Verlag GmbH Deutschland, ein Teil von Springer Nature 2020
M. Brand et al., *Physik begreifen – besser konstruieren*,
https://doi.org/10.1007/978-3-662-60824-1_7

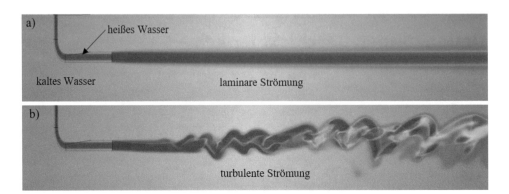

Abb. 7.1 Illustration laminarer und turbulenter Strömung

Bei einer turbulenten Strömung, oder Wirbelströmung, treten neben der in Rohrachse gerichteten Strömung, zusätzlich noch Querbewegungen auf. Dadurch vermischen sich die Fluidteilchen und zwischen den Stromlinien wird mehr Energie ausgetauscht wie in Abb. 7.1b dargestellt. Dabei entstehen mehr Strömungsverluste als bei einer laminar geschichteten Strömung. Abhängig von der Reynoldszahl ist bei turbulenter Strömung die maximale Geschwindigkeit in der Mitte des Rohres ca. das 1,1 bis 1,3 fache der Durchschnittsgeschwindigkeit.

Die Strömungsverluste machen sich durch einen Druckverlust bemerkbar. Sie entstehen durch innere Reibung und Reibung an der Rohrinnenwand. Den Druckverlust in einem geraden Rohrstück berechnet man folgendermaßen:

$$\Delta p_v = \lambda \cdot \frac{l}{d} \cdot \frac{\rho}{2} \cdot c^2 \qquad (7.2)$$

Wobei λ die Rohrreibungszahl, k der Rauigkeitswert für die Rohrinnenwand, l die Rohrleitungslänge, d der Rohrinnendurchmesser, und ρ die Dichte ist.

Darum sollte, wenn möglich, die Strömungsgeschwindigkeit reduziert werden, um diese zusätzlichen Verluste zu vermeiden. Bei gegebenem Volumenstrom kann die Geschwindigkeit reduziert werden indem der Durchmesser der Rohrleitung vergrößert wird.

7.2   Bedeutung

Anhand eines geraden Rohres soll die Charakteristik von laminarer und turbulenter Strömung analysiert werden. Möchte man eine laminare Strömung mit geringerem Druckverlust erreichen, kann man unter der Voraussetzung, dass der Volumenstrom konstant bleiben soll, nur den Durchmesser des Rohres verändern. Dies ist hier die einzige geometrische Designgröße des Konstrukteurs.

Der Volumenstrom errechnet sich aus:

$$\dot{V} = A \cdot c = \frac{\pi}{4} \cdot d^2 \cdot c \tag{7.3}$$

Wobei A die Querschnittsfläche, c die Strömungsgeschwindigkeit und d der Rohrinnendurchmesser ist.

Verdoppelt man den Rohrdurchmesser bei gleichbleibendem Volumenstrom, wird die Strömungsgeschwindigkeit viermal kleiner und die Reynoldszahl halbiert. Eine Erhöhung des Rohrdurchmessers führt zu einer Reduzierung der Energiekosten (weniger Druckverlust), aber zu einer Erhöhung der Investitionskosten (mehr Materialaufwand, mehr Platzbedarf).

Rohrleitungsanlagen bestehen nicht nur aus geraden Rohrstücken, sondern enthalten auch Erweiterungen, Verengungen, Verzweigungen, Richtungsänderungen, sowie Armaturen (Schieber, Ventile etc.). Bei diesen Einbauteilen treten erheblich höhere Druckverluste auf als bei geraden Rohren. Als Beispiel wird hier ein Rohrkrümmer näher betrachtet.

In Rohrkrümmern entstehen neben Reibungsverlusten noch Umlenkverluste durch Ablösung und eine sich der Längsströmung überlagernden Sekundärströmung, wie in Abb. 7.2 dargestellt. Diese Sekundärströmung entsteht durch die Fliehkraft. Den Druckverlust in einem Rohrkrümmer berechnet man folgendermaßen:

$$\Delta p_{\mathrm{v}} = \zeta \cdot \frac{\rho}{2} \cdot c^2 \tag{7.4}$$

Wobei ζ eine kombinierte Widerstandszahl ist, die aus einem Umlenk- und Reibungsanteil besteht.

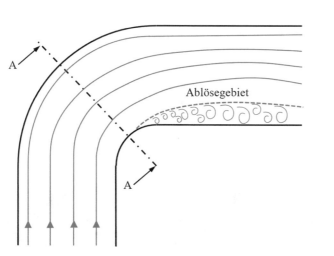
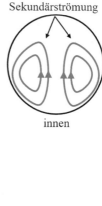

Abb. 7.2 Illustration Strömung im Rohrkrümmer

Möchte man beim Rohrkrümmer den Druckverlust senken, kann der Konstrukteur, bei vorausgesetztem konstanten Volumenstrom, die geometrischen Designgrößen Durchmesser und Krümmungsradius verändern. Zudem besteht die Möglichkeit, den Ablösungen und Sekundärströmungen mit sogenannten Leitblechen entgegen zu wirken. Dazu in Abschn. 7.3 mehr.

7.2.1 Laminare Rohrströmung

Mit Discovery Live wird der Einfluss von laminarer und turbulenter Rohrinnenströmung auf den Druckverlust untersucht. Durch ein gerades Rohr mit Innendurchmesser (d) 300 mm und 18 m Länge (l) strömt Wasser (20 °C) mit einem Volumenstrom $\dot{V}$ von 0,1 l/s. In Abb. 7.3 ist die Geschwindigkeitsverteilung einer laminaren Rohrströmung zu sehen. Die Geschwindigkeit steigt bis zur Mitte des Rohres kontinuierlich an. Es soll nun der Druckverlust ermittelt, und das Geschwindigkeitsprofil analysiert werden.

Die Strömungsgeschwindigkeit lässt sich mit

$$c = \frac{\dot{V} \cdot 4}{d^2 \cdot \pi} = \frac{0,0001 \frac{m^3}{s} \cdot 4}{(0,3m)^2 \cdot 3,14} = 0,0014 \frac{m}{s} \tag{7.5}$$

berechnen. Damit kann die Reynoldszahl (Re) bestimmt werden:

$$Re = \frac{0,0014 \frac{m}{s} \cdot 0,3m}{1,10^{-6} \frac{m^2}{s}} \approx 420 \tag{7.6}$$

Anhand der Reynoldszahl (Re) wird eine laminare Strömung erwartet. Mit Discovery Live wird nun das Geschwindigkeitsprofil von der Rohrmitte bis zur Rohrwand ermittelt. In Abb. 7.4 ist die simulierte Geschwindigkeit entlang des Rohrradius zu sehen. Wie erwartet entspricht das Profil demjenigen einer laminaren Rohrinnenströmung.

Da sich die durchschnittliche Geschwindigkeit entlang des Rohres nicht ändert, kann der Druckverlust im Rohr mit dem statischen Druck am Einlass gemessen werden. Aus der Simulation geht hervor, dass ein Druckverlust von 0,012 Pa zu erwarten ist.

Abb. 7.3 Geschwindigkeitsverteilung laminare Rohrströmung

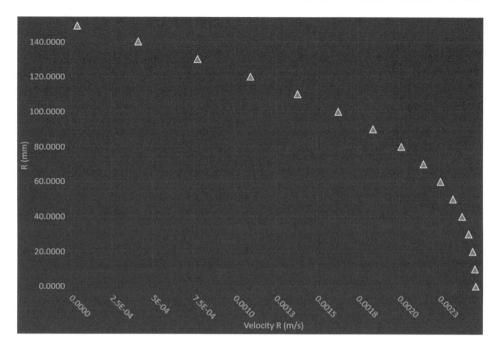

Abb. 7.4 Geschwindigkeitsprofil einer laminaren Rohrinnenströmung

Abb. 7.5 Geschwindigkeitsverteilung turbulente Rohrströmung

7.2.2 Turbulente Rohrströmung

Um ein turbulentes Geschwindigkeitsprofil zu analysieren, wie in Abb. 7.5 dargestellt, wird die Designgröße Rohrdurchmesser (*d*) auf 5 mm reduziert. Bei gleichbleibendem Volumenstrom $\dot{V}$ erhöht sich die durchschnittliche Geschwindigkeit (*c*) auf 5,1 m/s. Die Reynoldszahl (*Re*) ist folglich

$$Re = \frac{5,1\frac{m}{s} \cdot 0,005m}{1,10^{-6}\frac{m^2}{s}} = 25.500 \tag{7.7}$$

Damit das Verhältnis der Rohrlänge zum Rohrdurchmesser und somit die Auflösung in Discovery Live gleichbleibt, wird die Länge (*l*) auf 300 mm reduziert. Damit wird sichergestellt, dass das Ergebnis nicht durch die Diskretisierung beeinflusst wird.

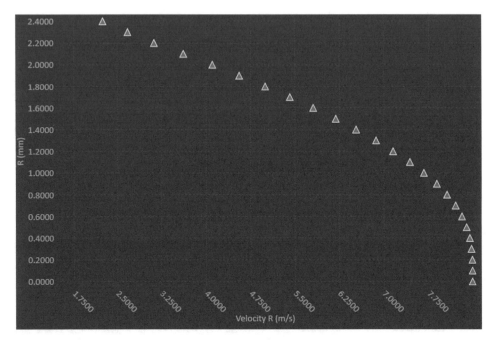

Abb. 7.6 Geschwindigkeitsprofil einer turbulenten Rohrinnenströmung

Die Abb. 7.6 zeigt das Geschwindigkeitsprofil einer turbulenten Rohrinnenströmung. Markant ist das Abflachen der Kurve zur Mitte des Rohres hin.

Über das simulierte 300 mm lange Rohr entsteht ein Druckverlust von 15.310 Pa. Durch die turbulente Strömung entsteht für den gleichen Volumenstrom ein wesentlich höherer Druckverlust.

7.2.3 Krümmungsradius am Rohrkrümmer

Durch einen Rohrkrümmer mit Innendurchmesser (d) 100 mm fließt Wasser (20 °C) mit einer Strömungsgeschwindigkeit (c) von 2 m/s. Um den Druckverlust (Δp) in der Leitung zu minimieren, soll die Designgröße Krümmungsradius (R) optimiert werden. Der Widerstand hängt vor allem vom Krümmungsradius/Innendurchmesser Verhältnis (R/d) ab. Dazu werden fünf Simulationen mit unterschiedlichem Krümmungsradius (R) erstellt. Das Minimum wird zwischen (R/d) = 1 und 5 erwartet. Bei kleinen Krümmungsradien wirkt eine höhere Fliehkraft auf die Fluidteilchen, welche stärkere Sekundärströmungen und Strömungsablösungen verursachen.

Für die Simulationen werden die unterschiedlichen Radien berechnet und gleichmäßig aufgeteilt wie in Tab. 7.1 aufgelistet.

Das Ergebnis aus den Simulationen wird in einem Krümmungsradius-Druckverlust Diagramm dargestellt. Es wird deutlich, dass es ein Optimum gibt, an dem der Druckverlust

Tab. 7.1 Krümmungsradien für die Simulation

(R/d)	R (m)	
1	0,1	
2	0,2	
3	0,3	
4	0,4	
8	0,5	

durch die Umlenkung minimal ist. Bei kleineren Krümmungsradien dominiert der Verlustanteil, der durch die Ablösegebiete entsteht. Bei größeren Radien erhöht sich die Rohrlänge.

Aus der Abb. 7.7 geht hervor, dass ein Krümmungsradius (R) zwischen 100 mm und 300 mm für dieses Szenario optimal ist. Bei 200 mm beträgt der Druckverlust über den Rohrbogen 1070 Pa. Verglichen mit einem geraden Rohr mit derselben Länge, nimmt der Druckverlust durch die Umlenkung um 652 Pa zu. Trotz der Wahl eines für den Fall optimalen R/d Verhältnisses von 2 bedeutet eine Umlenkung hier eine Verdoppelung des Druckverlustes. In Abb. 7.8 ist das Richtungsfeld mit dem Geschwindigkeitsprofil für einen Krümmungsradius von 200 mm dargestellt. In dem blau eingefärbten Gebiet ist eine Strömungsablösung ersichtlich. Trotzdem ist der Druckverlust bei diesem Krümmungsradius am geringsten. Die durch die Fliehkraft verursachte Sekundärströmung ist in Abb. 7.9 durch Stromlinien illustriert. Die Position des Querschnittes ist in Abb. 7.8 durch die Linie A-A markiert. Die durch die Fliehkraft nach außen strömenden Fluidteilchen generieren zwei gegen innen drehende Wirbel im oberen Bereich des Rohres. Im unteren

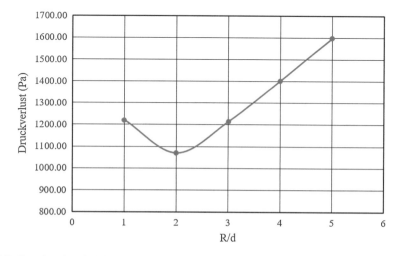

Abb. 7.7 Druckverlust in Abhängigkeit des Krümmungsradius

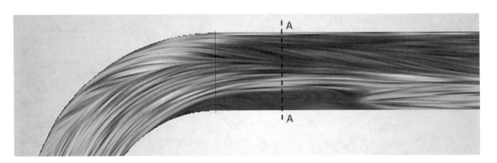

Abb. 7.8 Geschwindigkeitsverteilung und Richtungsfeld im Rohrbogen R = 200

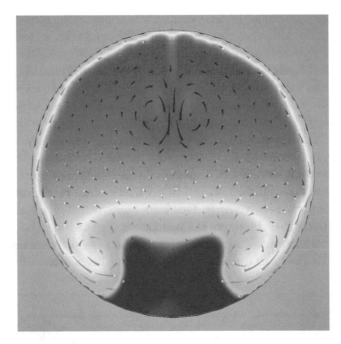

Abb. 7.9 Geschwindigkeitsverteilung mit Strömungslinien im Rohrbogenquerschnitt A-A R = 200

Bereich, in denen die Ablösung auftritt, entstehen zwei gegen außen drehende Wirbel. Bei den Varianten mit kleinerem R/d-Verhältnissen sind diese Effekte noch deutlich ausgeprägter.

Wie in Abb. 7.10 dargestellt, ist bei einem Rohrkrümmungsradius von 700 mm keine Strömungsablösung mehr sichtbar. Das Fluid verlangsamt sich in der unteren Hälfte des Rohres, doch es kommt zu keiner Ablösung der Strömung. Obwohl eine Rezirkulation vermieden wurde, ist der gesamte Druckverlust mit 2157 Pa über den Rohrbogen grösser als bei dem Rohrbogen mit einem Krümmungsradius von 200 mm. In Abb. 7.11 ist die Sekundärströmung bei einem Krümmungsradius von 700 mm anhand von Stromlinien

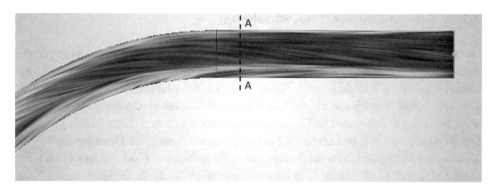

Abb. 7.10 Geschwindigkeitsverteilung mit Richtungsfeld im Rohrbogen R = 700

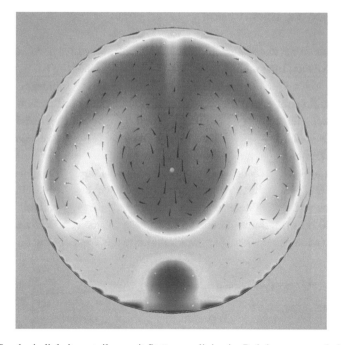

Abb. 7.11 Geschwindigkeitsverteilung mit Strömungslinien im Rohrbogenquerschnitt A-A R=700

und dem Geschwindigkeitsprofil illustriert. Es kann eine ähnliche Wirbelstruktur wie zuvor beobachtet werden. Vergleicht man nun wieder den Druckverlust über den Rohrkrümmer mit einem geraden Rohr derselben Länge, nimmt der Druckverlust durch die Umlenkung um 1476 Pa zu. Dies zeigt, dass die durch die Umlenkung entstehenden Sekundärströmungen, einen größeren Anteil am Gesamtdruckverlust haben als die, die durch Strömungsablösung verursacht werden.

7.3 Anwendungsbeispiel Windkanal

Um den Energiebedarf eines Windkanals zu senken, soll die Strömungsumlenkung in den Ecken optimiert werden. Eine Methode, die Sekundärströmungen zu verringern, sind Leitbleche, wie in Abb. 7.12 dargestellt. Für das folgende Beispiel wird eine Ecke im Niedriggeschwindigkeitsbereich untersucht. Der Windkanal hat eine quadratische Geometrie mit einer Seitenlänge von 4 m. Die Eingangs- und Ausgangsflächen sollen gleich groß sein. Das Strömungsmedium ist Luft (20 °C) mit einer durchschnittlichen Geschwindigkeit von 12 m/s. Aus Platzgründen ist der Innen- und Außenradius auf 1000 mm beschränkt. Für die Simulationen in Discovery Live konzentrieren wir uns auf die Geometrie einer Ecke, um diverse Varianten zu analysieren.

7.3.1 Analyse der Ist-Situation

Als Referenz führen wir zuerst eine Simulation mit Discovery Live ohne Leitbleche durch. Die durch den kleinen Innenradius verursachte Strömungsablösung ist in Abb. 7.13 durch die blau eingefärbten Gebiete ersichtlich. Durch die Strömungsablösung wird nicht der ganze Querschnitt genutzt, und die relative Geschwindigkeit des Fluids wird erhöht. Dadurch, und durch die zusätzliche Reibung durch Verwirbelung, entsteht ein erhöhter Druckverlust, welchen es zu minimieren gilt. Der rechteckige Querschnitt dämpft die durch die Fliehkraft verursachte Sekundärströmung.

Ohne strömungsoptimierende Maßnahmen beträgt der Druckverlust im simulierten Bereich 83,1 Pa. Um die Verluste zu minimieren fügen wir Leitbleche ein, welche einen mittleren Radius von einem Meter und eine Länge von einem Viertelkreis haben. Die Dicke wird auf 90 mm bestimmt, damit die Leitbleche sicher von Discovery live erkannt werden. Zudem kann es sein, dass je nach Grafikkarte die Treue für die Simulation erhöht

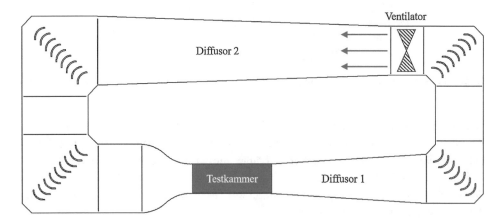

Abb. 7.12 Schema eines geschlossenen Windkanals

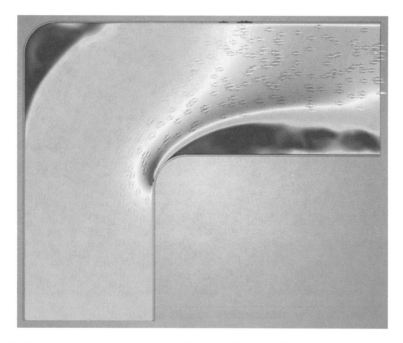

Abb. 7.13 Geschwindigkeitsverteilung mit Richtungspfeilen im Windkanal ohne Leitbleche

werden muss, um eine genügend feine Auflösung der Leitbleche zu erreichen. Mit den Leitblechen soll nun die Strömung optimiert werden, um Sekundärströmungen und Ablösegebiete zu minimieren und damit den Druckverlust zu senken.

7.3.2 Einfluss eines Leitbleches

Zuerst untersuchen wir den Einfluss der Position eines Leitbleches auf die Strömung. Dafür erstellen wir eine Parameteruntersuchung und vergrößern den Abstand um jeweils 100 mm. Dabei wird der Bereich zwischen 200 mm bis 3000 mm Abstand zur Wand des Innenradius untersucht wie in Abb. 7.14 illustriert.

In Abb. 7.15 sehen wir den Druckverlust in Abhängigkeit der Position des Leitbleches. Zwischen 400 und 2300 mm können wir ein reduzierter Druckverlust, mit einem Minimum bei 1000 mm, feststellen. Allein mit einem Leitblech könnte der Druckverlust somit von 83,1 auf 51,5 Pa gesenkt werden, was einer Reduktion von 38 % entspricht.

In Abb. 7.16 ist das Richtungsfeld zusammen mit dem Geschwindigkeitsprofil für ohne und drei verschiedene Leitblechpositionen dargestellt. Befindet sich das Leitblech nahe an der Wand des Windkanals, wie wir in Abb. 7.16b sehen können, wirkt es mehr als eine zusätzliche Blockade. Das Ablösegebiet wird nicht verkleinert. Im Gegenteil, es entstehen zusätzliche Verwirbelungen, und der Druckverlust nimmt zu. Die Abb. 7.16c zeigt, dass

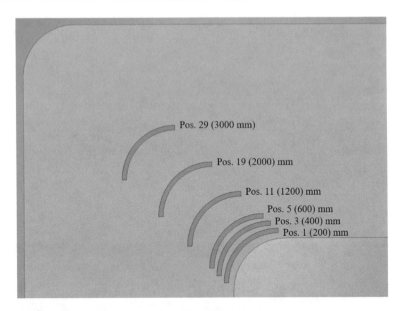

Abb. 7.14 Illustration der verschiedenen Positionen für das Leitblech

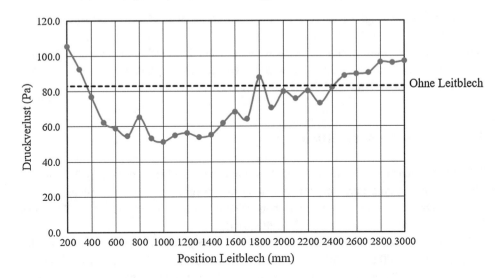

Abb. 7.15 Diagramm Druckverlust in Abhängigkeit der Position eines Leitbleches

bei geeigneter Position, die Ablösung verzögert werden kann. Dadurch verkleinert sich das Ablösegebiet, das Fluid wird weniger beschleunigt und der Druckverlust kann reduziert werden. Wird das Leitblech weiter entfernt platziert, verliert es seine Wirkung und ist nur noch ein Hindernis, das in der Strömung liegt und zusätzliche Reibung verursacht, wie in Abb. 7.16d dargestellt.

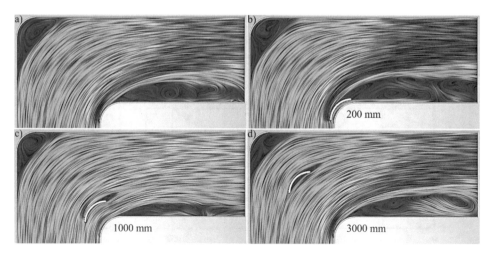

Abb. 7.16 Einfluss des Leitbleches auf die Strömung im Windkanal

7.3.3 Strömungsoptimierung mit mehreren Leitblechen

In einem zweiten Schritt verteilen wir mehrere Leitbleche gleichmäßig im Windkanal. Mit einer Parameterstudie wird die optimale Anzahl bestimmt. Somit kann, gegenüber nur einem Leitblech, die Strömung über den ganzen Querschnitt kontrolliert werden. Dadurch soll sich der Druckverlust reduzieren und Verwirbelungen durch Ablösegebiete verhindert werden. Gerade bei Windkanälen ist es wichtig, die Verwirbelungen gering zu halten, um die dadurch verursachten Störungen in der Testsektion zu vermeiden.

In Abb. 7.17 können wir sehen, dass der Druckverlust bei sieben Leitblechen minimal ist. Der Druckverlust kann von 83,1 Pa (ohne Leitbleche), auf 53,2 Pa gesenkt werden. Dies entspricht einer Reduktion des Druckverlustes um 36 %. In Abb. 7.18 ist die Geschwindigkeitsverteilung mit dem Richtungsfeld für sieben Leitbleche zu sehen. Das Ablösegebiet beim Innenradius konnte fast vollständig eliminiert werden.

Erhöhen wir die Anzahl der Leitbleche weiter, können zwar die Ablösegebiete vermieden werden, aber der verursachte Druckverlust durch den Staueffekt überwiegt. Um den verursachten Staudruck zu reduzieren, könnten wir die Dicke der Leitbleche reduzieren, oder ein stromlinienförmiges Profil verwenden. Wenn eine möglichst wirbelfreie Strömung erforderlich ist, muss in diesem Fall die Anzahl der Leitbleche auf 11 erhöht werden und der zusätzliche Druckverlust in Kauf genommen werden. Wie in Abb. 7.19 zu sehen ist, werden die zwei großen Ablösegebiete mit 11 gleichmäßig verteilten Leitbleche vermieden. Kleinere Verwirbelungen werden durch die scharfkantigen Leitbleche verursacht.

7.3.4 Optimierung von Umlenkblechen

Wenn wir das Richtungsfeld, zum Beispiel in Abb. 7.18, betrachten, können wir feststellen, dass die Strömung nicht in die gleiche Richtung fließt, wie das Ende des Leitbleches

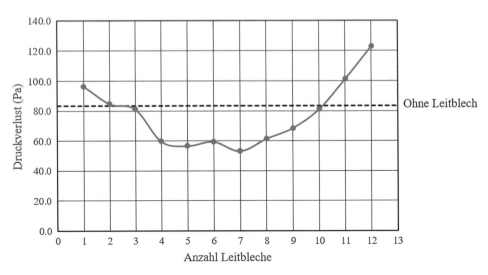

Abb. 7.17   Diagramm Druckverlust in Abhängigkeit der Anzahl Leitbleche

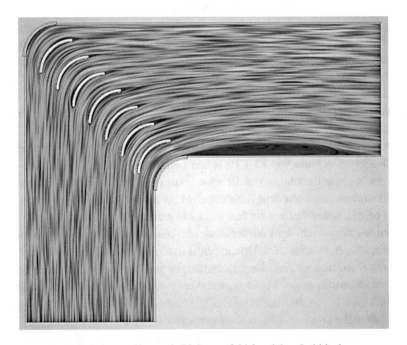

Abb. 7.18   Geschwindigkeitsverteilung mit Richtungsfeld für sieben Leitbleche

zeigt. Um dies zu korrigieren wird nun das Ende des Leitbleches um 500 mm verlängert. Wie im Diagramm in Abb. 7.20 zu sehen ist, verschiebt sich dadurch das Minimum nach links. Der Druckverlust ist mit vier der modifizierten Leitblechen am geringsten. Ab acht Leitblechen wirkt sich die Modifikation negativ aus. Die größere benetzte Fläche verursacht mehr Reibung zwischen dem Fluid und der Wand der Leitbleche und verursacht

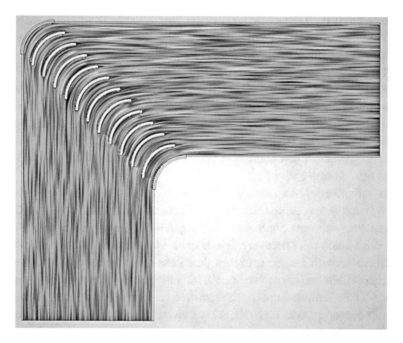

Abb. 7.19 Geschwindigkeitsverteilung mit Richtungsfeld für 11 Leitbleche

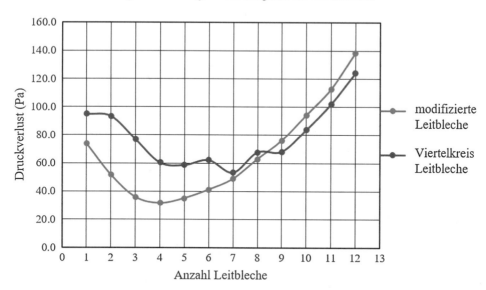

Abb. 7.20 Diagramm Druckverlust in Abhängigkeit der Anzahl modifizierter Leitbleche

einen größeren Druckverlust. Generell können wir aber feststellen, dass in der Strömung weniger Verwirbelungen verursacht werden. Dies wirkt sich positiv auf die Simulation aus. Die Zeit bis sich die Simulation einpendelt reduziert sich, und die Schwankungen sind kleiner. Dies zeigt sich unter anderem an der gleichmäßigeren blauen Kurve im Diagramm gegenüber den nicht modifizierten Leitblechen in Rot.

In Abb. 7.21 ist die Geschwindigkeitsverteilung zusammen mit dem Richtungsfeld zu sehen. Die Modifikation bewirkt, dass mit einer geringeren Anzahl an Leitblechen eine ruhigere Strömung erreicht werden kann. Dadurch wird ein geringerer Staueffekt erzielt. Auch das Ablösegebiet ist deutlich reduziert gegenüber der Strömung in Abb. 7.18 mit den Viertelkreis-Leitblechen. Damit wir das Ablösegebiet besser sehen können, wurde in Abb. 7.21 die Detailillustration mit der Geschwindigkeitsverteilung in x-Richtung hinzugefügt. Das Ablösegebiet ist durch die negative x-Geschwindigkeit (gelb) auszumachen. Der Druckverlust reduziert sich auf 31,5 Pa. Dies ist eine Reduktion um 41 % gegenüber den nicht modifizierten Leitblechen und 62 % gegenüber dem Windkanal ohne Leitbleche.

Um die Verwirbelungen weiter zu reduzieren, indem das Ablösegebiet komplett vermieden wird, sind sechs der modifizierten Leitbleche nötig. In Abb. 7.22 ist die Geschwindigkeitsverteilung zusammen mit dem Richtungsfeld für die sechs Leitbleche zu sehen. Durch die Simulation mit Discovery Live können wir kein Ablösegebiet mehr ausmachen. Kleinere Verwirbelungen entstehen durch die scharfkantigen Leitbleche. Mit den modifizierten Leitblechen können wir die Verwirbelungen reduzieren und den Druckverlust weiter auf 41,1 Pa senken. Je nach Einsatzzweck muss nun entschieden werden, ob ein geringerer Druckverlust oder eine möglichst gleichmäßige Strömung erzielt werden soll. Daher ist es wichtig, sich die verschiedenen Varianten vor Augen zu führen, und entsprechend dem Einsatzzweck eine Designentscheidung zu treffen.

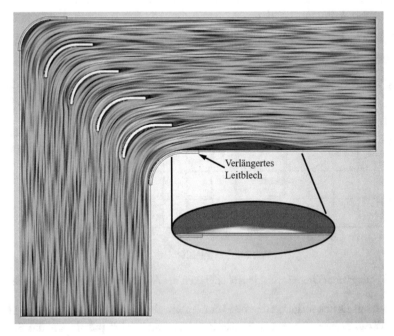

Verlängertes Leitblech

Abb. 7.21 Geschwindigkeitsverteilung zusammen mit dem Richtungsfeld für 4 modifizierte Leitbleche

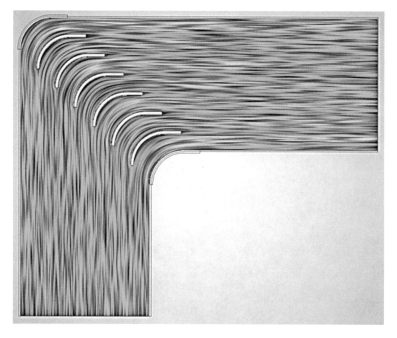

Abb. 7.22 Geschwindigkeitsverteilung zusammen mit dem Richtungsfeld für 6 modifizierte Leitbleche

Strömungswiderstand reduzieren

8

Bei Außenströmungen interessiert vor allem der Strömungswiderstand, wegen des Energieverbrauchs und der mechanischen Belastung. Im Folgenden wird aufgezeigt wie durch Geometrieveränderungen an Bauteilen der Strömungswiderstand reduziert wird. Dies geschieht durch die Veränderung der Designgrößen projizierte Fläche und Form.

Anhand eines Anwendungsbeispiels wird gezeigt, wie die Strömung einer Windkraftanlage analysiert werden kann.

8.1 Grundlagen

Bei Innenströmung macht sich die Verlustenergie durch einen Druckverlust spürbar. Bei Außenströmungen wird die benötigte Energiezufuhr Widerstand genannt. Dieser ist von der Art des Fluids, der Geschwindigkeit, der Oberflächenbeschaffenheit und der Form abhängig. Der Gesamtwiderstand bei einer Außenströmung lässt sich in zwei Hauptkomponenten einteilen, dem Flächen- und Formwiderstand wie in Abb. 8.1 dargestellt.

$$F_{\mathrm{w}} = F_{\mathrm{w_R}} + F_{\mathrm{w_D}} \tag{8.1}$$

Der Flächenwiderstand $\left(F_{\mathrm{w_R}} \right)$ hängt von der Reibung zwischen der Oberfläche und dem Fluid ab (Index R für Reibung). Der Formwiderstand $\left(F_{\mathrm{w_D}} \right)$ hingegen wird durch die Druckverteilung beeinflusst (Index D für Druck). In der Praxis lassen sich diese oft nicht genau in Form und Flächenwiderstand unterscheiden, da auch der Flächenwiderstand $\left(F_{\mathrm{w_R}} \right)$ von der Form abhängig ist. Die beeinflussbare Designgröße ist dabei die Form und Fläche eines Objektes.

© Springer-Verlag GmbH Deutschland, ein Teil von Springer Nature 2020
M. Brand et al., *Physik begreifen – besser konstruieren*,
https://doi.org/10.1007/978-3-662-60824-1_8

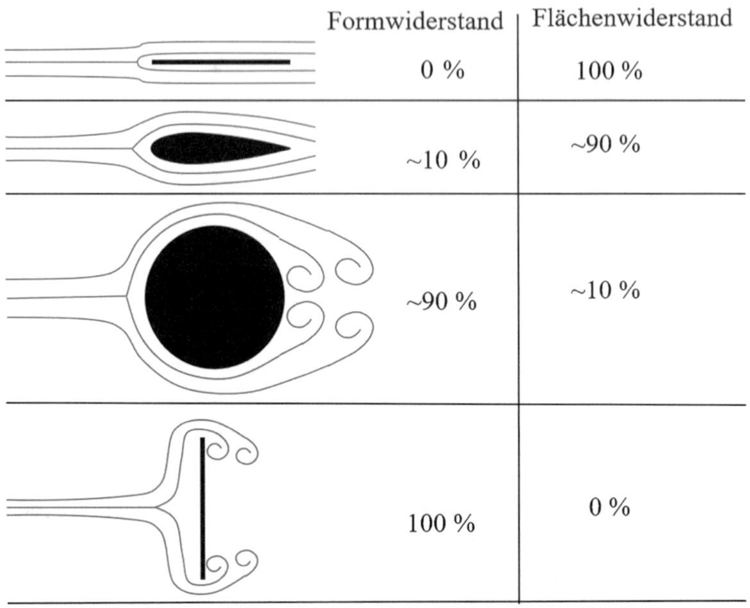

	Formwiderstand	Flächenwiderstand
	0 %	100 %
	~10 %	~90 %
	~90 %	~10 %
	100 %	0 %

Abb. 8.1 Vergleich Form-Flächenwiderstand

Abb. 8.2 Referenzfläche
eines Flugzeuges

Um den Gesamtwiderstand direkt zu berechnen wird folgende Formel angewendet:

$$F_{\mathrm{w}} = c_{\mathrm{w}} \cdot \rho \cdot \frac{c^2}{2} \cdot A_{\mathrm{w}} \qquad (8.2)$$

Wobei (c_{w}) ein Gesamtwiderstandsbeiwert, ρ die Dichte, c die relative Geschwindigkeit und A_{w} eine Referenzfläche darstellen. Meistens wird als Referenzfläche, die zur Strömung senkrecht stehende Projektionsfläche des Körpers verwendet. In der Luftfahrt hingegen, entspricht die Projektionsfläche der Flügel der Referenzfläche wie in Abb. 8.2 dargestellt, weil der Flächenwiderstand den Formwiderstand eindeutig überwiegt.

8.1.1 Formwiderstand

Durch Druckunterschiede zwischen der zur Strömung gerichteten und abgewandten Oberfläche entsteht der Formwiderstand $\left(F_{w_D}\right)$. Er ist durch das Integral des Fluiddruckes (p) über die benetzte Körperoberfläche (A_0) unter Berücksichtigung der lokalen Flächennormalen bestimmt.

$$\vec{F}_{w_D} = \int\limits_{(A_0)} p \cdot d\vec{A}_0 \tag{8.3}$$

Die Druckunterschiede an der Oberfläche entstehen durch Strömungsablösungen. Würde eine Kugel von einer idealen Strömung umströmt, ohne Ablösungen, wäre die Geschwindigkeitsverteilung symmetrisch und es gäbe zwei Staupunkte. Dadurch entsteht keine Druckdifferenz zwischen den zur Strömung gewandten und abgewandten Flächen und es gäbe keinen Formwiderstand. In einer realen Strömung ist dies jedoch nicht möglich.

Abb. 8.3 zeigt die Druckverteilung des statischen Druckes über die Kugel an. Rötliche Farben deuten auf einen relativen Überdruck und bläuliche Farben dementsprechend auf einen relativen Unterdruck hin. Die grünen Gebiete entsprechen dem Umgebungsdruck. Das strömende Medium fließt von links nach rechts. Dadurch wird eine resultierende Widerstandskraft in Richtung des gezeichneten Kraftpfeiles erwartet. Die Größe der kleineren Pfeile gibt Auskunft über die lokale Relativgeschwindigkeit. Am Staupunkt kann ein erhöhter statischer Druck festgestellt werden, denn der gesamte dynamische Druck ist in

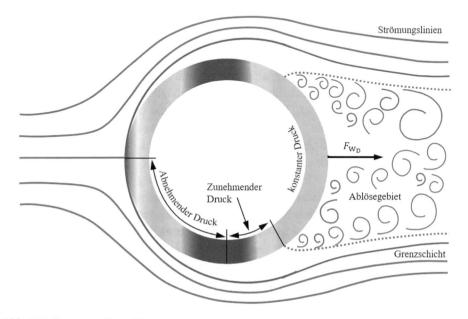

Abb. 8.3 Druckverteilung Kugel

statischen Druck umgewandelt. Durch die Beschleunigung des Fluids nimmt der statische Druck beim Überströmen der Kugel ab, bis die höchste Geschwindigkeit an der dicksten Stelle erreicht wurde. Der durch die Beschleunigung erzeugte Unterdruck muss nun wieder auf den Umgebungsdruck gebracht werden. Wenn die Strömungsenergie in der Grenzschicht nicht ausreicht, um gegen den positiven Druckgradienten anzulaufen, löst sich die Strömung von der Oberfläche ab und ein Ablösegebiet mit einem tieferen Druck entsteht. Eine turbulente Grenzschicht kann länger an der Oberfläche haften. Dadurch reduziert sich die Größe des Ablösegebietes und der Formwiderstand wird reduziert. Bei Golfbällen wird, trotz der niedrigen Reynoldszahl, durch die Vertiefungen in der Oberfläche eine turbulente Grenzschicht provoziert. Der Gesamtwiderstand wird durch die turbulente Grenzschicht reduziert trotz des höheren Flächenwiderstandes.

Wird nun, wie in Formel (8.3) beschrieben, der Druck über die in Strömungsrichtung projizierte Fläche aufsummiert, ergibt sich der Formwiderstand. Durch die Strömungsablösung ist der aufsummierte Druck auf der rechten Seite der Kugel kleiner als auf der linken Seite. Dadurch entsteht die eingezeichnete Formwiderstandskraft $\left(\vec{F}_{w_D} \right)$.

8.1.2 Flächenwiderstand

Durch Reibung zwischen der Oberfläche und dem Fluid wird Wärme erzeugt, welche als Energie verloren geht. Dadurch ist der Flächenwiderstand $\left(\vec{F}_{w_R} \right)$ als Integral der Fluidschubspannung (τ) über die benetze Körperoberfläche (A_0) definiert.

$$\vec{F}_{w_R} = \int\limits_{(A_0)} \vec{\tau} \cdot dA_0 \tag{8.4}$$

Die Fluidschubspannung (τ) hängt von dem Geschwindigkeitsgradienten in der Grenzschicht und der Oberflächenrauigkeit ab. Da der Geschwindigkeitsgradient einer laminaren Grenzschicht wesentlich kleiner ist als der einer turbulenten, ist es nötig den Umschlagpunkt von laminar zu turbulent so weit wie möglich hinauszuzögern, um den Flächenwiderstand zu reduzieren. Ein Beispiel dafür sind die laminaren Flügelprofile, die bei Segelfliegern zum Einsatz kommen. Um den Umschlagpunkt hinauszuzögern, wird die Stelle der größten Dicke nach hinten verlegt, um einen positiven Druckgradienten hinauszuzögern. Außerdem ist eine makellos glatte Oberfläche nötig, um ein vorzeitiges Umschlagen zu verhindern. Abb. 8.4 zeigt die Schubspannungsverteilung in Strömungsrichtung. Wärmere Farben deuten auf eine hohe Schubspannung in Strömungsrichtung hin. Das dunkelblaue und durch die weißen Linien abgegrenzte Gebiet, weist eine der Strömung entgegengesetzte Schubspannung auf. Das bedeutet, dass sich in diesem Gebiet die Strömung von der Oberfläche abgelöst hat. Die Schubspannung steigt mit der relativen Geschwindigkeit. Sie ist abhängig von der Oberflächenbeschaffenheit und dem Geschwindigkeitsgradienten in der Grenzschicht. Wird nun wie in Formel (8.4) beschrieben, die in Strömungsrichtung liegende Schubspannung über die gesamte Fläche der Kugel aufsummiert, resultiert die eingezeichnete Flächenwiderstandskraft $\left(\vec{F}_{w_R} \right)$.

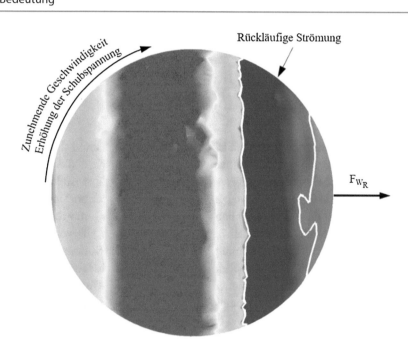

Rückläufige Strömung

Zunehmende Geschwindigkeit
Erhöhung der Schubspannung

F_{W_R}

Abb. 8.4 Schubspannungsverteilung Kugel

8.2 Bedeutung

Anhand eines einfachen Beispiels soll mit Discovery Live der Einfluss der Form eines Körpers auf den Gesamtwiderstand veranschaulicht werden. Eine zylindrische Verkleidung mit einem Durchmesser von 0,16 m und 0,5 m Länge wird einer Strömung ausgesetzt und dabei wird die Nase und das Heck der Verkleidung verändert, um den Gesamtwiderstand zu reduzieren. Für die Simulation wird der Körper mit Luft (20°) und einer Strömungsgeschwindigkeit von 40 m/s umströmt. Die charakteristische Länge ist bei einer Umströmung die Länge des Objektes parallel zur Strömung.

$$Re = \frac{40\,\frac{m}{s} \cdot 0,5m}{1,79 \cdot 10^{-5}\,\frac{m^2}{s}} \approx 1400000 \tag{8.5}$$

Bei einer Reynoldszahl von ca. 1,4 Mio. wird eine turbulente Strömung erwartet.

8.2.1 Ausgangslage

Als erstes soll die Verkleidung mit einer flachen Nase und Heck simuliert werden, um eine Vergleichsgröße zu haben. Laut Discovery Live beträgt der Gesamtwiderstand für die zylindrische Verkleidung 18,6 N. Daraus lässt sich den Gesamtwiderstandsbeiwert berechnen.

$$Cw = \frac{18,6\,N \cdot 2}{1,23\,\dfrac{kg}{m^3} \cdot 0,02m^2 \cdot \left(40\,\dfrac{m}{s}\right)^2} \approx 0,94 \tag{8.6}$$

In der Literatur lassen sich Widerstandsbeiwerte zwischen 0,8 und 1,2 für solche Zylinder finden. Diese variieren je nach Durchmesser-Längen Verhältnis und der Reynoldszahl.

In Abb. 8.5a ist die Geschwindigkeitsverteilung mit dem Richtungsfeld zu sehen. Aufgrund der Kanten löst sich die Strömung an der Nase und am Heck ab. Durch das Ablösegebiet an der Nase ist die effektive Umlenkung der strömenden Luft grösser als die Verkleidung. Dies wird durch den eingezeichneten Durchmesser (d_e) hervorgehoben. Durch die größere Fläche, die gegen die Strömung gerichtet ist und die Strömungsverluste durch die Verwirbelungen erhöht sich der Gesamtwiderstand. Durch Modifikationen an der Nase und am Heck, sollen die Strömungsablösungen und der Gesamtwiderstand reduziert werden. Discovery Live bietet sich hier besonders an, um schnell mit verschiedenen Formen experimentieren zu können und die Auswirkung der Modifikationen sichtbar zu machen.

In der Abb. 8.5b sieht man die Verwirbelungen. Neben den Wirbeln durch die Strömungsablösung an der Nase, entstehen auch solche an der Heckkante. Diese erhöhen den Strömungswiderstand zusätzlich.

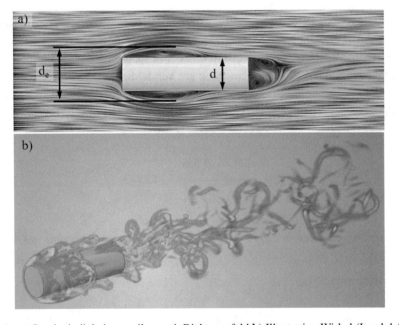

Abb. 8.5 a) Geschwindigkeitsverteilung mit Richtungsfeld b) Illustration Wirbel (Lambda2)

8.2.2 Modifikationen der Verkleidung

Wie bereits in Kap. 6 festgestellt ist es einfacher, eine Strömung, die beschleunigt wird, an der Oberfläche haften zu lassen. Darum wird zuerst das Design der Nase verändert. Eine sphärische Kappe zu montieren scheint eine einfach realisierbare Lösung zu sein. In Abb. 8.6 wird anhand der Geschwindigkeitsverteilung der Einfluss einer modifizierten Nase auf die Strömung gezeigt. Mit einer flachen Nase, wie in Abb. 8.6a löst sich die Strömung an der Kante ab und verursacht starke Verwirbelungen. Durch die Modifikation mit einer sphärischen Kappe an der Nase bleibt die Strömung bis zur Kante am Heck der Verkleidung an der Oberfläche haften. Dies widerspiegelt sich auch im Gesamtwiderstand. Aus Discovery Live geht hervor, dass dieser dadurch um ca. 80 % auf 3,7 N gesenkt werden kann. Zudem kann man in Abb. 8.6 erkennen, dass die effektive Umlenkung der Luft ohne Kappe ca. 70 % grösser als mit der sphärischen Kappe ist.

Nachdem mit einer sphärischen Kappe an der Nase der Strömungswiderstand erfolgreich reduziert wurde, wird nun derselbe Aufsatz auch am Heck montiert und mit Discovery Live simuliert. Durch die zusätzliche Modifikation am Heck, reduziert sich der Strömungswiderstand um weitere 25 % auf 2,7 N. In Abb. 8.7 werden die durch die Ablösungen entstehenden Wirbel dargestellt. Abb. 8.7a zeigt die Variante mit sphärischer Nase und

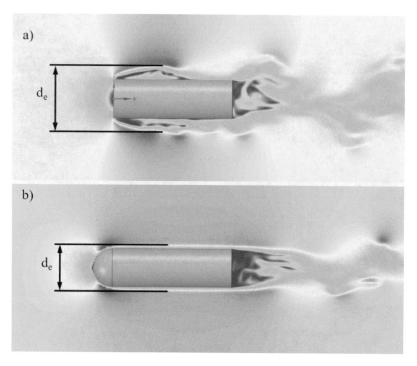

Abb. 8.6 Geschwindigkeitsverteilung der Verkleidung **a**) ohne Nase **b**) Nase mit konstantem Radius

flachem Heck. Es ist zu sehen, dass an der Nase verglichen mit dem Heck nur wenig Verwirbelungen entstehen. In Abb. 8.7b ist zu sehen, dass mit einer sphärischen Kappe am Heck die Verwirbelungen hinten reduziert werden konnten. Wie in Kap. 6 erläutert, neigt die Strömung bei einem positiven Druckgradienten eher zur Ablösung. Um die Verwirbelungen weiter zu minimieren, wird nun eine parabolische Kappe am Heck montiert. In Abb. 8.7c ist zu sehen, dass dadurch die Verwirbelungen am Heck weiter reduziert werden konnten. Dies widerspiegelt sich auch im Gesamtwiderstand. Gegenüber dem flachen Heck reduziert sich der Gesamtwiderstand mit einer sphärischen Kappe am Heck um ca. 43 % und mit einer parabolischen Kappe um 52 %.

In Tab 8.1 ist der Gesamtwiderstand (F_w) und die Reduktion, verglichen mit der Ausgangsverkleidung ohne Kappen, für die möglichen Varianten mit den zwei unterschiedlichen Kappen aufgelistet. Die Variante mit zwei parabolischen Kappen weist den geringsten Gesamtwiderstand auf. Der Unterschied zwischen einer parabolischen und sphärischen Nase ist jeweils gering. Je nachdem welche Kappe am Heck montiert wird, verringert sich der Gesamtwiderstand durch die parabolische Nase um 2–16 %.

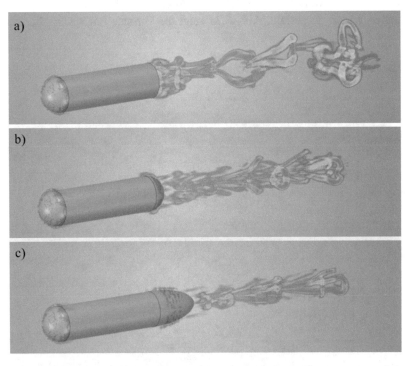

Abb. 8.7 Illustration von Wirbeln mit Lambda 2

Tab. 8.1 Gesamtwiderstand und Reduktion verglichen mit der Ausgangsverkleidung

Nase	Heck	$F_w(N)$	C_w	Reduktion (%)	
flach	flach	18,6	0,94	-	
flach	sphärisch	17,3	0,87	7	
flach	parabolisch	16,8	0,85	10	
sphärisch	flach	3,8	0,19	79	
parabolisch	flach	3,7	0,19	80	
sphärisch	Sphärisch	2,9	0,14	85	
parabolisch	sphärisch	2,7	0,14	86	
sphärisch	parabolisch	2,2	0,11	88	
parabolisch	parabolisch	1,8	0,09	90	

8.3　Anwendungsbeispiel Windkraftanlage

Bei Windkraftanlagen ist die Strömungsoptimierung ein zentraler Punkt. Die Wirtschaftlichkeit eines Windkraftanlagenparks hängt, neben einem effizienten Rotordesign, auch von der Auslegung der Gondel ab. Bei einer Reduktion des Gesamtwiderstands der Gondel kann eine schlankere Bauweise bei der Konstruktion des Turmes angewendet werden. Dadurch können die Produktionskosten der Windkraftanlage gesenkt werden. Weiter wird die Strömung des Rotors durch die kleinere Blockade weniger gestört, was zur Effizienzsteigerung der Windkraftanlage beiträgt. Mit Discovery Live sollen nun unterschiedliche Gondeldesigns geprüft werden, um die Umströmung zu optimieren und die Produktionskosten zu senken.

Durch das wechselhafte Wetter sind Windkraftanlagen unterschiedlichen Strömungsgeschwindigkeiten ausgesetzt. Beim Design muss das ganze Geschwindigkeitsspektrum in Betracht gezogen werden. Es wird zwischen Einschaltgeschwindigkeit, Nominalgeschwindigkeit und Abschaltgeschwindigkeit (Sturm) unterschieden. Das verwendete Modell für die Simulation ist eine klein Windkraftanlage mit einem Rotordurchmesser von 1,5 m und einem maximalen Durchmesser der Gondel von ca. 90 mm. Diese kommen unter anderem auf Segelschiffen zum Einsatz, um Strom zu produzieren. Wir wählen eine Strömungsgeschwindigkeit im Nominalbereich von 12 m/s und eine Lufttemperatur von 20 °C. Da wir den Fokus auf die Gondel legen, wird der Berechnungsgebiet, wie in Abb. 8.8 gezeigt, nur so groß wie nötig definiert. Um die unterschiedlichen Designs beurteilen zu können, wird mit Discovery Live die Kraft in x-Richtung auf alle Flächen der Gondel inklusive Seitenruder ausgelesen. In Abb. 8.9 sind die markierten Körper für die Auswertung zu sehen.

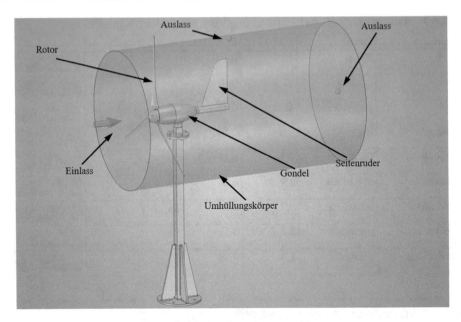

Abb. 8.8   Baugruppe Windkraftanlage mit dem Berechnungsgebiet

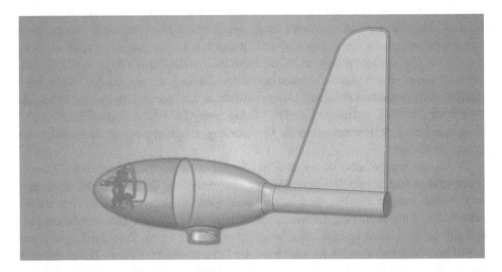

Abb. 8.9   Markierte Flächen für die Kräfteberechnung der Gondel

8.3.1   Analyse der Ist-Situation

Damit wir uns bei der Analyse der Strömung auf die Gondel fokussieren können, werden alle nicht benötigten Teile in Discovery Live ausgeblendet. In Abb. 8.10 ist eine 3D An-sicht der Geschwindigkeitsverteilung zu sehen. Es werden nur tiefere Geschwindigkeiten als die am Einlass definierte Strömungsgeschwindigkeit angezeigt.

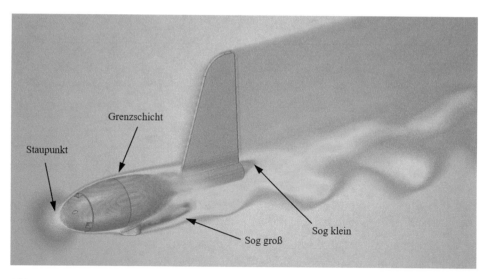

Abb. 8.10 3D-Geschwindigkeitsverteilung der Gondel Ausgangslage

An der Nase ist ersichtlich, wie das Fluid zum Staupunkt abgebremst wird. Weiter können wir erkennen, wie die Gondel von einer Grenzschicht umgeben ist. Zusätzlich sind zwei dunkelblaue Gebiete im Sog der Gondel sichtbar. Eines nach der zylindrischen Halterung und ein größeres am Ende der Gondel. Im Folgenden geht es darum den Sog zu minimieren und eine geeignete Geometrie zu finden, um die Strömung zu optimieren. Mit Discovery Live haben wir ein Gesamtwiderstand von 0,51 N ermittelt. Daraus ergibt sich ein Gesamtwiderstandsbeiwert von

$$Cw = \frac{0,51N \cdot 2}{1,23\frac{kg}{m^3} \cdot 0,007m^2 \cdot \left(12\frac{m}{s}\right)^2} \approx 0,82 \tag{8.7}$$

in der Grundkonfiguration.

8.3.2 Modifikationen der Gondel

Wie zuvor im Abschn. 8.3.2 ermittelt, werden wir zuerst eine parabolische Heckkappe an der Gondel montieren. Durch das kleinere Ablösegebiet sollte der Gesamtwiderstand reduziert werden und eine schlankere Konstruktion des Turmes ermöglichen. In Abb. 8.11 können wir die 3D-Geschwindigkeitsverteilung mit parabolischem Heck sehen.

Durch diese Modifikation können wir eine leichte Veränderung gegenüber der Grundkonfiguration in Abb. 8.10 ausmachen. Wir können nun feststellen, dass ein Großteil der Verwirbelungen nicht durch das flache Heck der Gondel entstehen, sondern durch den Übergang vom Turm zur Gondel. Trotzdem konnten wir mit dem parabolischen Heck an der Gondel den Gesamtwiderstandsbeiwert auf 0,79 senken.

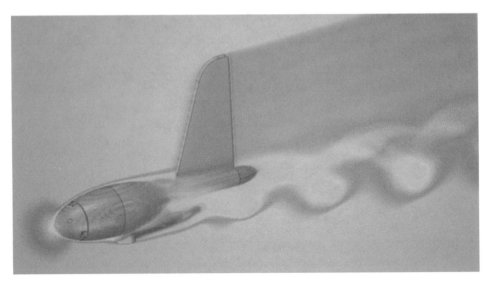

Abb. 8.11   3D-Geschwindigkeitsverteilung der Gondel mit parabolischem Heck

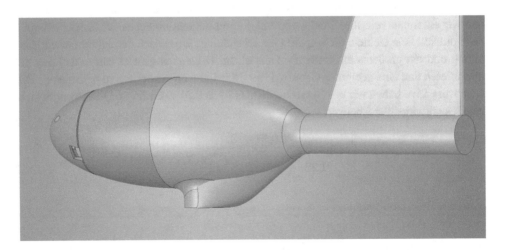

Abb. 8.12   zusätzliche Verkleidung für die Windkraftanlage

Um eine weitere Reduktion des Gesamtwiderstandes zu erreichen, müssen wir die durch den Übergang entstehenden Wirbel minimieren. Eine mögliche Variante ist in Abb. 8.12 zu sehen. Dem zylindrischen Stück fügen wir eine Verkleidung hinzu, um eine gleichmäßigere Strömung zu erreichen.

Das Ergebnis dieser Modifikation ist in Abb. 8.13 zu sehen. Durch die Verkleidung wird die unstetige Wirbelstraße verhindert. Wird die Verkleidung und das parabolische Heck montiert, verringert sich der Gesamtwiderstandsbeiwert auf 0,73. Durch diese zwei Modifikationen können wir den Gesamtwiderstand um 11 % von 0,51 N auf 0,46 N senken.

Abb. 8.13 3D-Geschwindigkeitsverteilung der Gondel mit Verkleidung

8.3.3 Simulation mit Turm

Nachdem die Strömung um die Gondel optimiert wurde, fügen wir nun den Turm der Simulation hinzu, um die Strömung zu analysieren. Damit wird auch die Interaktion zwischen dem Turm und der Gondel berücksichtigt, welche einen erheblichen Einfluss auf den Gesamtwiderstand der Gondel haben kann.

Die Geschwindigkeitsverteilung der Strömung mit Turm sehen wir in Abb. 8.14. Durch die quadratische Form des Turmes entstehen starke Verwirbelungen. Diese haben auch einen Einfluss auf die Umströmung der Gondel. Für die Auswertung des Gesamtwiderstandbeiwertes werden nur die Kräfte auf die Flächen der Gondel berücksichtigt. Wenn das Vorhandensein des Turmes die Umströmung der Gondel nicht beeinflusst, wird derselbe Widerstandsbeiwert wie zuvor ohne Turm erwartet. Mit Discovery Live wird eine Gesamtwiderstandskraft von 0,81 N ermittelt. Der resultierende Gesamtwiderstandsbeiwert beträgt dadurch

$$Cw = \frac{0,81N \cdot 2}{1,23\frac{kg}{m^3} \cdot 0,007m^2 \cdot \left(12\frac{m}{s}\right)^2} \approx 1,28 \tag{8.8}$$

Durch die Simulation sehen wir, dass durch die Interaktion der Verwirbelungen des Turmes mit der Strömung der Gondel der Widerstandsbeiwert ca. verdoppelt. Durch die von uns zuvor ignorierten Einflüsse des Turmes wird die durch die Verkleidung und das parabolische Heck optimierte Strömung wieder zunichte gemacht. Eine Simulation mit Turm aber ohne Modifikationen (Endkappe, Verkleidung des Übergangs Turm-Gondel)

Abb. 8.14 3D-Geschwindigkeitsverteilung der Gondel mit Turm

zeigt, dass die Modifikationen keinen Einfluss mehr haben. Mit den Modifikationen wird sogar ein leicht höherer Widerstand simuliert. Dies macht deutlich wie sensibel Strömungen auf benachbarte Phänomene reagieren. Oft müssen aber Vereinfachungen gemacht werden, da die verfügbaren Ressourcen (Zeit, Rechenleistung etc.) begrenzt sind.

Damit unsere Modifikationen nicht umsonst waren, und der Gesamtwiderstandsbeiwert der Gondel trotzdem reduziert werden kann, wird nun versucht, die Geometrie des Turmes anzupassen. Indem wir das quadratische durch ein rundes Profil mit derselben Querschnittsfläche ersetzen, können die Verwirbelung bei gleichbleibenden mechanischen Eigenschaften reduziert werden. Für die Simulation wird dafür eine Stange mit einem Durchmesser von 40 mm eingesetzt, wie in Abb. 8.15 dargestellt. Die Widerstandskraft mit dem runden Turm beträgt 0,74 N ohne und 0,71 N mit den Modifikationen. Dies entspricht einer Reduktion des Luftwiderstands von 4 %. Gegenüber der ursprünglichen Variante ohne Modifikationen und gegenüber der Variante mit einem quadratischen Turm, konnte der Luftwiderstand der Gondel um 10 % gesenkt werden. In Abb. 8.16 sehen wir den Nachlauf mit dem runden Turm. Im Gegensatz zum quadratischen Turm sind die Verwirbelungen weniger ausgeprägt und chaotisch. Dies wirkt sich positiv auf den Widerstand der Gondel aus. Der Gesamtwiderstandsbeiwert der Gondel mit Modifikationen und rundem Turm beträgt

$$Cw = \frac{0{,}71\,N \cdot 2}{1{,}23\,\frac{kg}{m^3} \cdot 0{,}007m^2 \cdot \left(12\,\frac{m}{s}\right)^2} \approx 1{,}13 \tag{8.9}$$

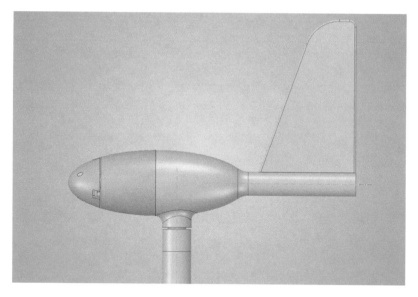

Abb. 8.15 Gondel mit einem zylindrischen Turm

Abb. 8.16 3D-Geschwindigkeitsverteilung der Gondel mit rundem Turm

Wärmefluss kontrollieren

9

In vielen technischen Konstruktionen gilt es, den Transport von Wärmeenergie zu kontrollieren. So möchte man ihn beispielsweise im Fall von Isolationen beschränken (Kühlschrank, Hochofen, Fenster) oder beim Abtransport von Verlustwärme erhöhen (Kühlung von Elektronik, Verbrennungs- oder E-Motoren). Beim Transport von Wärmeenergie treten drei Mechanismen auf: Wärmeleitung (Konduktion), Wärmeströmung (Konvektion) und Wärmestrahlung.

In diesem Kapitel werden die grundlegenden Zusammenhänge an einem Ausschnitt eines thermisch belasteten Gehäuses dargestellt, dann wird die Begrenzung des Wärmeflusses am Griff einer Tasse untersucht und zuletzt die Kühlung einer Elektronikbaugruppe betrachtet.

9.1   Grundlagen

Wärmeleitung basiert auf einem Temperaturgefälle, wodurch ein Wärmefluss stattfindet. Wärmeströmung basiert auf einem Energietransport durch ein bewegtes Medium (Flüssigkeit oder Gas) und wird daher manchmal auch als Wärmemitführung bezeichnet. Wärmestrahlung findet ohne materiellen Träger auch im Vakuum statt. Die Bedeutung der verschiedenen Mechanismen ist in verschiedenen Applikationen sehr unterschiedlich. Im Weltraum z. B. bei Satelliten spielt die Kühlung per Strahlung eine entscheidende Rolle, in Strömungsmaschinen ist dagegen die Konvektion sehr wichtig. In vielen technischen Konstruktionen ist die Wärmeleitung entweder in Kombination der zuvor genannten Mechanismen oder auch alleine von hoher Bedeutung, deshalb widmen wir uns ihr in einer eigenen Betrachtung.

© Springer-Verlag GmbH Deutschland, ein Teil von Springer Nature 2020   131
M. Brand et al., *Physik begreifen – besser konstruieren*,
https://doi.org/10.1007/978-3-662-60824-1_9

Der Wärmefluss (die übertragene Energie in Form von Wärme) errechnet sich zu

$$\dot{Q} = \frac{\lambda}{s} \cdot A \cdot \Delta T \qquad\qquad (9.1)$$

$\dot{Q}$ Wärmefluss [W]
λ Wärmeleitfähigkeit [W/(m*K)]
ΔT Temperaturdifferenz [K]
s Strecke [m]
A Querschnitt [m²]

Für konstruktive Aufgaben zur Kühlung bedeutet das:

1. Material mit guter Wärmeleitfähigkeit verwenden
2. Kurze Strecken realisieren
3. Große Querschnitte realisieren

Für konstruktive Aufgaben zur Wärmeisolation bedeutet das umgekehrt:

1. Material mit schlechter Wärmeleitfähigkeit verwenden
2. Lange Strecken realisieren
3. Kleine Querschnitte realisieren

Zusammenfassend leitet sich daraus das Rezept ab:

Engpässe im Wärmefluss kontrollieren
Von den genannten Kriterien basiert eines auf der Auswahl des Materials, die beiden anderen auf der Definition der Geometrie, also alles Designgrößen des Konstrukteurs.

Schaut man sich die Wärmleitungswerte verschiedener Materialien an, kann man folgende Klassifikation vornehmen (Tab. 9.1).

Für die Umsetzung von Konstruktionen ergeben sich damit je nach Aufgabe (Kühlung/Isolation) Präferenzen bei der Materialauswahl.

Tab. 9.1 Wärmeleitung verschiedener Materialien

Klasse	Beispiele	Typische Wärmeleitfähigkeit in W/mK
Gute Wärmeleiter	Silber, Kupfer, Bronze, Stahl	400-40
Schlechte Wärmeleiter	Sandstein, Beton, Glas, Wasser	2-0,58
Wärmeisolatoren	Kunststoff, Holz, Schamotte, Luft	0,3-0,034

9.2 Bedeutung

9.2.1 Einheitswürfel

Anhand eines Würfels von 1 mm Kantenlänge sollen die verschiedenen Einflussgrößen untersucht werden. Stellen Sie sich vor, der Würfel ist Bestandteil eines Gehäuses (siehe Abb. 9.1), das Wärmeenergie von einem innenliegenden Medium von 60 °C über eine 1 mm Gehäusewand an die umgebende Luft abgeben soll. Ziel ist dabei eine möglichst gute Kühlung (Berührungsschutz) zu erreichen, die in geringer Oberflächentemperatur resultiert.

Dieses Teilvolumen modellieren wir als Würfel mit 1 mm Kantenlänge, zunächst aus Stahl. Wir definieren auf der „Innenseite" eine Temperatur von 60 °C. Da die automatisch definierte Konvektions-Randbedingung nicht gelöscht werden kann, setzen wir den Wert für den Wärmeübergang auf 0 W/(m²*K), sodass wir nur die Wärmeleitung betrachten. Wir geben also an einer Fläche 60 °C vor und nachdem kein Wärmefluss definiert ist und keine Temperaturdifferenz vorliegt, entsteht eine (annähernd) konstante Temperatur von 60 °C, wie in Abb. 9.2 zu sehen ist:

Die hier auftretende Temperaturspreizung von weniger als einem tausendstel Grad ist dem Näherungscharakter der verwendeten Berechnungsmethode geschuldet. Die Verteilung kann bei Ihnen anders aussehen, physikalisch sollte sich eine gleichmäßige Temperatur ergeben.

In einem zweiten Schritt wollen wir davon ausgehen, dass an der außenliegenden Fläche eine Temperatur von 40 °C auftritt. Wir definieren also eine Temperatur von 40 °C an der Außenfläche. Die abgeführte Wärmeenergie (der Wärmefluss) lässt sich, wie in Abb. 9.3 dargestellt, gut mit einem zusätzlichen Monitorpunkt (Wärmefluss/Heat Flow) auf der Außenfläche kontrollieren.

Abb. 9.1 Repräsentatives Teilvolumen einer Gehäusewand

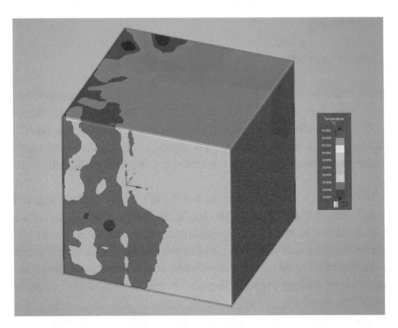

Abb. 9.2 annähernd gleichmäßige Temperatur von 60 °C

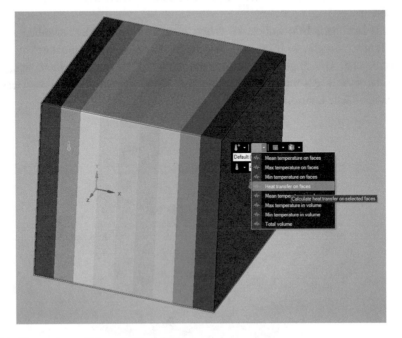

Abb. 9.3 Temperaturgefälle und Wärmefluss

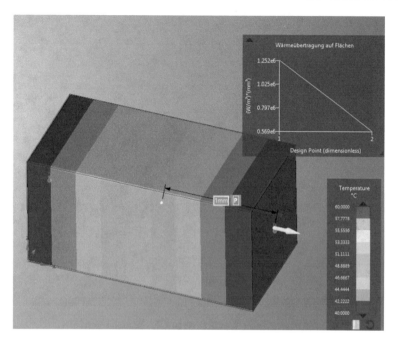

Abb. 9.4 halbierter Wärmefluss bei doppelter Strecke (0,6 W = 0,5* 1,2 W)

Dieser Wärmefluss von 1,255e6 W/m^{2*}mm^2 = 1,255 W lässt sich analytisch bestätigen:

$$\dot{Q} = \frac{60,5 \dfrac{W}{m \cdot K}}{0,001m} \cdot 0,001^2 \, m^2 \cdot 20K = 1,21W \tag{9.2}$$

Wie ändert sich jetzt der Wärmefluss, bei einer Verlängerung der Strecke durch Erhöhung der Wandstärke von 1 auf 2 mm? Analog obiger Formel erwarten wir einen halbierten Wärmefluss, was sich wie in Abb. 9.4 gezeigt, auch bestätigt.

Analog dazu ergibt sich lt. Abb. 9.5 bei vervierfachtem Querschnitt ein vierfacher Wärmefluss.

Ändern wir das Material von Stahl auf Aluminium, sehen wir in Abb. 9.6, dass wir mit einer erhöhten Wärmeleitfähigkeit von 60,5 W/(m*K) auf 205 W/(m*K) den Wärmefluss und damit die Kühlleistung etwa um Faktor 3,4 steigern.

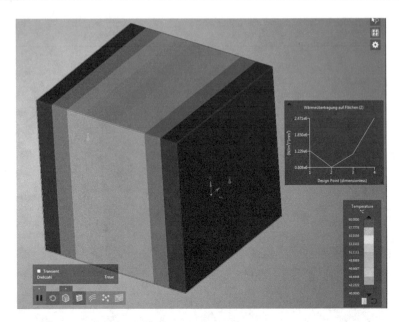

Abb. 9.5   vierfache Fläche = vierfacher Wärmefluss (4 * 0,6 W = 2,4 W)

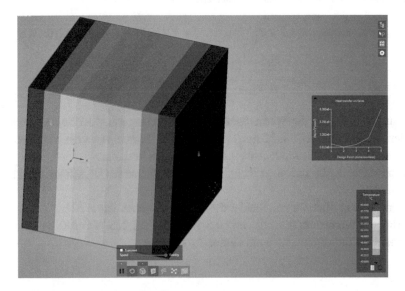

Abb. 9.6   Wechsel auf Alu steigert die Kühlleistung von 2,4 auf 8,4 W

9.3   Anwendungsbeispiele

9.3.1   Isolation

Als Beispiel für die konstruktive Umsetzung einer Isolation schauen wir uns einen Kaffee-becher wie in Abb. 9.7 genauer an. Wir gehen davon aus, dass der Becher mit 60 °C heißer Flüssigkeit gefüllt ist, sodass die Innenseite des Bechers 60 °C aufweist (was eine Verein-fachung darstellt, die hier aus Gründen der einfacheren Modelldefinition gewählt wird).

Die Wärmeabfuhr erfolgt über die umgebende Luft, bei einer angenommenen geringen Luftströmung mit einem Wärmeübergangskoeffizienten von 3 W/(m^{2*}K) und einer Um-gebungstemperatur von 20 °C. Über die Optimierung der Wärmeleitung des Bechers, soll am Griff eine Temperatur von nur 50 °C erreicht werden. Als konstruktive Maßnahme steht die Wahl des Materials und die geometrische Struktur zur Debatte.

Als initiale Konfiguration nutzen wir einen massiven Porzellanbecher. Porzellan kann in der Materialdatenbank mit einer Wärmeleitfähigkeit von 1,03 W/(m*K), einer Wärme-kapazität von 1,08 kJ/(kg*K) und einer Dichte von 2400 kg/m^3 angelegt werden.

Wir ordnen dem Becher das Porzellanmaterial zu, ändern den Standard-Wärmeüber-gangskoeffizienten von 10 auf 3 W/(m^{2*}K) und belegen die Innenfläche des Bechers mit einer Temperatur von 60 °C. Abb. 9.8 zeigt die resultierende Temperaturverteilung.

Im mittleren Bereich des Henkels ist die Temperatur mit knapp 30 °C vergleichsweise niedrig, am Anschluss zum Becher oben und unten sind die Temperaturen jedoch noch oberhalb des angepeilten Grenzwertes.

Wie ändert sich die Temperatur mit einem Wechsel auf Stahl? Aufgrund der besseren Wärmeleitung von Stahl sehen wir in Abb. 9.9, dass die Temperatur im Henkel um mehr als 25 °C steigt.

Wie ließe sich die Temperaturspreizung im Becher vergrößern und die Temperatur wei-ter absenken? Wie zu Beginn dargelegt, sind neben der Wärmeleitfähigkeit auch Strecke und Querschnitt mögliche Designgrößen für Fragen der Wärmeleitung. Führen wir doch mal den Metallbecher als hohle Metallkonstruktion aus, wie in Abb. 9.10 gezeigt, um den Querschnitt im Wärmepfad zu begrenzen.

Abb. 9.7 Isolationstasse
aus Stahl

Abb. 9.8 Temperatur-
verteilung der Porzellantasse

Abb. 9.9 Temperatur-
verteilung der Stahltasse

Abb. 9.10 Geometrie der
Vakuumtasse

Damit ergibt sich ein deutlich geringerer Querschnitt für den Wärmetransport und ein größerer Widerstand. Die Energie kann weniger gut in den Griff transportiert werden. Wie zeigt sich das in der Analyse?

Je nach verwendeter Grafikkarte und nutzbarem Grafikkartenspeicher wird die dünnwandige Bechergeometrie unterschiedlich fein aufgelöst. Das kann dazu führen, dass der dünnwandige Volumenkörper nicht mehr als geschlossenes Volumen erfasst wird und Streifen entstehen, ähnlich der Darstellung in Abb. 9.11, die auf ein zu grobes Rastern zurückzuführen sind.

Bei solchen Effekten wählt man eine höhere „Fidelity/Treue" (Wiedergabetreue, Genauigkeit), sodass eine feinere Abbildung der Geometrie und der Wärmeleitung möglich ist, wie sie in Abb. 9.12 zu sehen ist.

Um die Temperatur im Henkel noch weiter abzusenken, kann man die Strecke des Wärmepfades verlängern. Wir schieben dazu den Griff so weit wie möglich (um 9 mm) nach unten, so dass sich die in Abb. 9.13 gezeigte Situation ergibt.

Abb. 9.11 Zu grobe
Auflösung der Vakuumtasse

Abb. 9.12 Berechnungsergebnis mit feinerer
Auflösung

Damit sinkt am oberen Henkelanschluss die Temperatur nochmal um ca. 2 °C.

Welche weiteren Erkenntnisse lassen sich mit dieser Untersuchung der Wärmeleitung gewinnen?

In manchen Fällen ist das zeitliche Verhalten bzgl. Aufheizen und Abkühlen eine wichtige Information. So könnte z. B. ein an den Fingern wärmeempfindlicher Mensch die Frage stellen, wie schnell muss ich meinen (hoffentlich nicht zu heißen) Kaffee trinken, bevor der Griff am oberen Anschluss maximal 50 °C warm wird? Wenn wir eine zeitlich veränderliche (transiente) Analyse wählen und eine Temperatur-Probe für die Anschlussfläche definieren, an der die maximale Temperatur über die Zeit beobachtet wird, so können wir analog Abb. 9.14 feststellen, dass nach guten 290 Sekunden der Grenzwert von 50 °C erreicht wird.

Abb. 9.13 Versetzter Griff an der Vakuumtasse

Abb. 9.14 Zeitlicher Verlauf der Temperatur in der Vakuumtasse

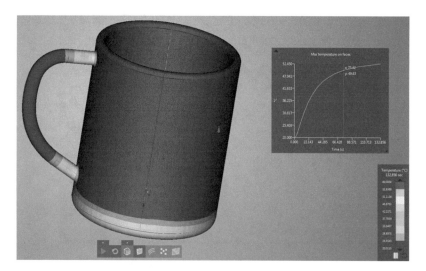

Abb. 9.15 Zeitlicher Verlauf der Temperatur in der Porzellantasse

Ein Vergleich mit der Porzellanvariante wie in Abb. 9.15 zeigt, dass der Grenzwert dort schon nach knapp 75 Sekunden erreicht wird, der Porzellanbecher also auch in dieser Hinsicht die schlechtere Alternative ist.

Ergänzende Überlegungen zur Modellbildung:

In diesem Beispiel sind einige Vereinfachungen enthalten, die im Folgenden kritisch beleuchtet werden sollen. Thermische Randbedingungen sind schnell definiert und die thermische Analyse in kurzer Zeit berechnet. Die Randbedingungen aber so zu wählen, dass die physikalische Situation gut abgebildet wird, ist durchaus anspruchsvoll. Letztlich definiert man einen Energiefluss von Quellen zu Senken. Es ist deshalb empfehlenswert zu überlegen, ob die sich in der Simulation einstellenden Verhältnisse so stimmen können. Besonders kritisch muss das Festsetzen von Temperaturen für bestimmte Geometrien betrachtet werden. Im obigen Beispiel wird die Innenseite des Bechers mit der Temperatur der Flüssigkeit gleichgesetzt. Diese Maßnahme berücksichtigt nicht den Wärmeübergang von der Flüssigkeit zum Festkörper. Man könnte stattdessen also auch eine Konvektion mit einer Umgebungstemperatur von 60 °C für das berührende Medium und einen Wärmeübergangskoeffizienten von 300 W/(m²*K) für ruhendes Wasser definieren. Vergleicht man die beiden Ergebnisse (Abb. 9.16 und 9.17), wird man für diesen Fall keinen signifikanten Unterschied sehen. Solche Variationsanalysen helfen also, den Einfluss unbekannter Größen abzuschätzen.

Ein weiterer möglicher Einflussfaktor ist die Konvektionsrandbedingung, die Discovery Live für jede thermische Analyse für *alle* Oberflächen ohne Randbedingungen automatisch definiert. In vielen Fällen ist die automatische Vorbelegung praktisch und hat nur geringen Einfluss auf das Ergebnis. Sollte der Einfluss der Konvektion genauer untersucht werden, kann man den Automatismus unterbinden, indem die entsprechenden Flächen mit einer Isolationsrandbedingung versehen werden oder die globale Konvektion auf Null

Abb. 9.16 Temperaturverteilung bei fix vorgegebener Temperatur

Abb. 9.17 Temperaturverteilung bei
Konvektionsrandbedingung

gesetzt wird und man nur an ausgewählten Flächen Konvektion definiert. Für unser
Becher-Beispiel ergibt sich jedoch keine signifikante Änderung. Eine Möglichkeit zur Ab-
schätzung der Relevanz der Konvektion finden Sie am Ende von Abschn. 9.3.2.

9.3.2 Kühlung

Bei elektrischen oder elektronischen Geräten ist die Fragestellung nach der Kühlung zentral. Der Grund hierfür liegt in einer Verkürzung der Lebensdauer bei erhöhten Temperaturen. Für Kondensatoren wurde ermittelt, dass bei um 10 °C erhöhter Temperatur die

Lebensdauer um Faktor 2 sinkt. In vielen Anwendungen legt man auch für andere elektronische Bauelemente diesen Ansatz zugrunde.

Betrachten wir stellvertretend ein Elektronikprodukt, das weit verbreitet ist: den Einplatinen-Computer Raspberry Pi (siehe Abb. 9.18). Die darin verbaute CPU erzeugt unter Last eine Verlustleistung von ca. 1 Watt. Wir möchten die optimale Gestaltung der Wärmeleitung untersuchen – vom Kühlkörper über die Wärmeleitpaste bis hin zu Platine und Gehäuse.

Beginnen wir zunächst mit dem Kühlkörper. Das initiale Design ist eine Basisplatte 12×12 mm^2 von 1 mm Dicke mit 5 Rippen von 1 mm Dicke und 3 mm Höhe. Es ergibt sich lt. Abb. 9.19 für einen Wärmeübergangskoeffizient von 15 W/(m^{2*}K) eine Maximaltemperatur von fast 135 °C.

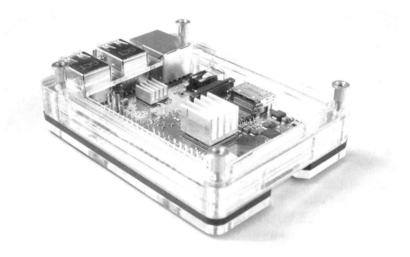

Abb. 9.18 Einplatinencomputer Raspberry Pi in Kunststoffgehäuse

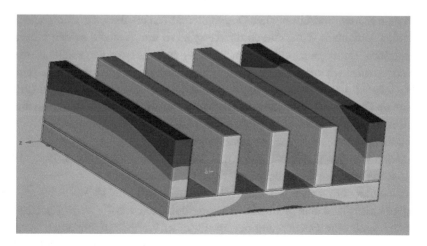

Abb. 9.19 Temperaturerteilung im initialen Kühlkörper

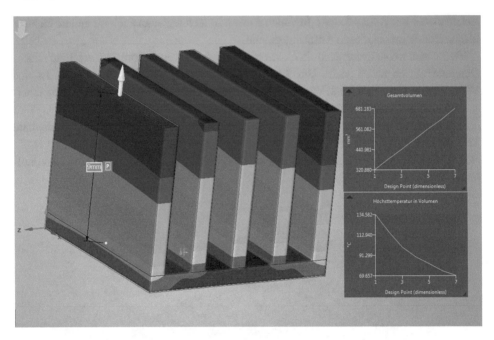

Abb. 9.20 Veränderung der Geometrie und Temperatur

Wir variieren die Länge der Kühlrippen und beobachten analog Abb. 9.20 den Verlauf von Temperatur und Volumen bei einer schrittweisen Verlängerung von 3 auf 9 mm.

Statt dieser manuellen Variation können wir eine Parameterstudie durchführen. Wir definieren zunächst die Maße für die Rippenlänge und die Dicke der Basisplatte als Parameter (Pull + CTRL-G bei selektierter Maßzahl). In der Parameterstudie sind die Rippenlänge von 4 bis 8 mm in 9 Stufen und die Basisdicke von 1 bis 2 mm in 5 Stufen inkl. aller Permutationen auf Knopfdruck gelistet, wie Abb. 9.21 zeigt.

Nach dem Starten und Lösen aller Designalternativen erhalten wir eine grafische Darstellung aller Varianten. Wir sortieren die Ausgabe so um, dass die beiden interessanten Ergebnisgrößen Temperatur und Volumen auf x- und y-Achse dargestellt werden. Auf diese Weise können wir schnell ein Design wählen, das eine möglichst geringe Temperatur aufweist (möglichst weit links im Diagramm) und das minimale Gewicht hat (möglichst weit unten im Diagramm). Für einen Temperaturgrenzwert von 90 °C sieht man durch Anklicken des Ergebnispunktes so z. B. dass die leichteste Konfiguration eine Rippenlänge von 6,5 mm und eine Basisdicke von 1 mm aufweist.

Wie ändert sich das Verhalten, wenn man den Chip, die Platine (PCB, Printed Circuit Board) und das Gehäuse mitberücksichtigt?

Für den Mikrochip setzen wir eine Wärmeleitfähigkeit von 15 W/(m*K) an, für die sechslagige Leiterplatte eine gemittelte Wärmeleitfähigkeit von 45 W/(m*K). Dieser Wert ergibt sich, durch eine Gewichtung der spezifischen Wärmeleitfähigkeiten nach ihrem Volumenanteil (bzw. Flächenanteil bei Extrusionsgeometrien). Für die Kupferlagen der

Leiterplatte kann man den Kupferanteil schätzen (hier: 60 %) und die anteilige Wärmeleitung jeweils von Kupfer und FR4 berechnen, diese beiden Anteile zusammenzählen, für alle Kupferlagen aufsummieren und mit der Stärke der Kupferlagen multiplizieren. Analog multipliziert man die Wärmeleitung der reinen FR4-Lagen mit der Gesamtstärke der FR4-Lagen, addiert die beiden Werte und dividiert ihn durch die Gesamtstärke aller Lagen. Eine automatisierte Berechnung der Werte zeigt Abb. 9.22.

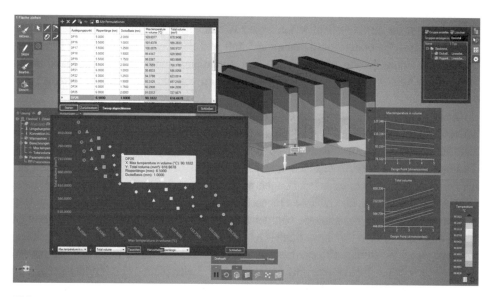

Abb. 9.21 Designstudie zum Kühlkörper

| B13 | ▼ | : | × ✓ fx | =(G2*C2+G3*C3+G4*C4+G5*C5+G6*C6+G7*C7+G8*C8+G9*C9+G10*C10+G11*C11+G12*C12)/C13 |

	A	B	C	D	E	F	G	H	I	J
1	Material	Wärme-leitfähigkeit Material W/(m*K)	Schicht-dicke (µm)	Anteil Kupfer	anteilige Wärme-leitung Cu W/(m*K)	anteilige Wärme-leitung FR4 W/(m*K)	gemittelte Wärme-leitung Lage W/(m*K)			
2	Cu	380	35	0.6	228	0.12	228.12			
3	FR4	0.3	18				0.3			
4	CU	380	35	0.6	228	0.12	228.12			
5	FR4	0.3	18				0.3			
6	Cu	380	35	0.6	228	0.12	228.12			
7	FR4	0.3	600				0.3			
8	CU	380	35	0.6	228	0.12	228.12			
9	FR4	0.3	18				0.3			
10	Cu	380	35	0.6	228	0.12	228.12			
11	FR4	0.3	18				0.3			
12	Cu	380	35	0.6	228	0.12	228.12			
13	Gesamt	45.8	882							

Abb. 9.22 Homogenisierung der Wärmeleitfähigkeit einer sechslagigen Leiterplatte

In ähnlicher Weise können auch andere Materialien, die aus verschiedenen Werkstoffen bestehen, homogenisiert (gemittelt) werden z. B. bei Composite-Werkstoffen (Fasern und Matrix), bei Kupferwicklungen (Kupfer und Isolationsmaterial) oder in Blechpaketen (Stahl und Isolationslack).

Das Gehäuse unseres Einplatinencomputers kann in Alu und Kunststoff ausgeführt werden. Die Konvektion am Kühlkörper bilden wir aufgrund einer verminderten Luftbewegung im Gehäuseinneren mit einem Wärmeübergangskoeffizienten von 1 W/(m^2*K) ab. An den Außenflächen des Außengehäuses gehen wir von 5 W/(m^2*K) aus. Um zu erreichen, dass nur die sechs Außenflächen an der Wärmeabfuhr beteiligt sind, setzen wir den globalen Wärmeübergangskoeffizienten auf null und definieren manuell eine Konvektionsrandbedingung für die Außenflächen. Bei maximaler Berechnungsgenauigkeit erhält man, wie in Abb. 9.23 zu sehen, folgende Temperaturverteilung mit einem Maximalwert von ca. 75 °C.

Dieses Szenario bildet den worst case ab, weil die im Gehäuse eingeschlossene Luft keinerlei Kühlwirkung beiträgt. Wie könnte man versuchen diese abzubilden? Eigentlich wäre eine Strömungssimulation mit Wärmeübergang (CHT Conjugate Heat Transfer) hilfreich, die Discovery Live aber derzeit nicht abdeckt. Um mit den darin vorhandenen Mitteln zumindest den Einfluss abzuschätzen, können wir folgende Variationsbetrachtung vornehmen:

Nehmen wir an, die im Gehäuse eingeschlossene Luft führt durch interne Konvektion zu einem Abtransport von Energie von der Leiterplatte über die bewegte Luft nach oben an die Innenfläche vom Gehäuse. Schwach bewegte Luft hat einen Wärmeübergangskoeffizienten von 5 W/(m^2*K). Um die Erwärmung der Luft nicht unberücksichtigt zu lassen, schätzen wir eine Referenztemperatur zwischen Leiterplatte und Gehäuseoberseite (z. B. 45 °C) und bringen den Wärmeübergangskoeffizienten mit dieser Referenztemperatur auf die Oberseite der Leiterplatte an. Die Maximaltemperatur sinkt von 75 °C auf 60 °C.

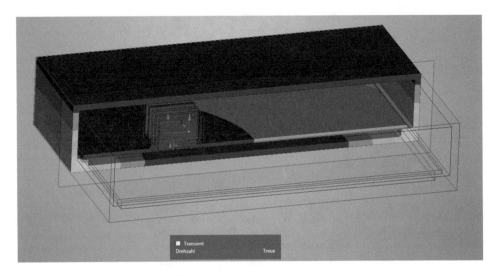

Abb. 9.23 Temperaturverteilung Worst Case

Ein anderer Ansatz wäre, die Wärmeleitung der Luft selbst mitzuberücksichtigen. Das heißt die Luft wie in Abb. 9.24 als Volumen mit zu modellieren.

Damit ergibt sich eine maximale Temperatur von 49 °C.

Was fangen wir mit diesen Ergebnissen an? Wir sehen, dass der Wärmetransport über die Luft einen wichtigen Betrag bringt. Wenn wir konservativ (vorsichtig) auslegen wollen, ist das Weglassen der Luft die „sichere" Variante, weil die Temperatur zu hoch abgeschätzt wird und damit konstruktive Maßnahmen vielleicht auch unnötigerweise erarbeitet werden. Wenn man den Effekt der Luft abbilden will, kann eine vorsichtige Konvektion im Inneren (fraglich sind die Übergangskoeffizienten und Fluidtemperaturen) abgebildet werden oder die Wärmeleitung der Luft selbst. Letzteres ist modelltechnisch einfach zu handhaben und bildet immer noch nur einen Teil des Wärmetransports ab, führt tendenziell also immer noch zu eher konservativen Ergebnissen. Bei aller Kritik an solch vereinfachenden Ansätzen, wäre die Modellierung der Wärmeleitung der eingeschlossenen Luft analog einem Festkörper für frühe und einfache Abschätzungen eine empfehlenswerte Vorgehensweise, weil einfach umsetzbar und konsistent nutzbar.

Welche Erkenntnisse ergeben sich, wenn man eine Strömungsanalyse mit Wärmeübergang durchführt?

Zunächst zum Vergleich in Abb. 9.25 das Ergebnis einer Berechnung in ANSYS ICE-PAK, einer speziell für Elektronikkühlung entwickelten CFD-Simulationssoftware:

Mit 51 °C liegt die Maximaltemperatur vergleichbar zu den 49 °C von Discovery Live. Schaltet man die Konvektion im Inneren ein, muss man die Orientierung des Gehäuses berücksichtigen, da die erhöhte Lufttemperatur und der Dichteunterschied zu einem Aufsteigen im Gravitationsfeld führen. Bei horizontaler Ausrichtung des Gehäuses zeigt Abb. 9.26 eine andere interne Konvektion als bei senkrechter Ausrichtung.

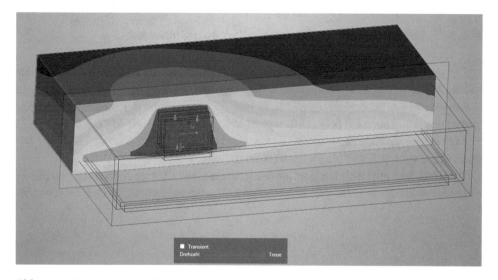

Abb. 9.24 Temperaturverteilung unter Berücksichtigung der Luft-Wärmeleitung

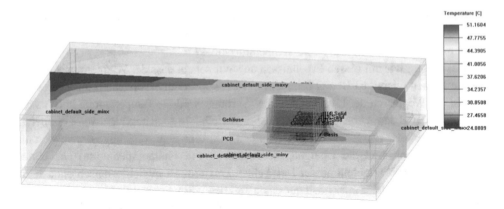

Abb. 9.25 Temperaturverteilung aus der Strömungsanalyse

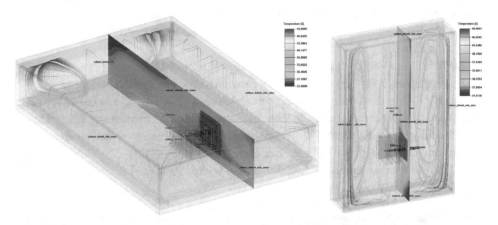

Abb. 9.26 Innere Konvektion bei horizontaler und vertikaler Gerätelage

Die sich einstellenden Maximaltemperatuen weichen nur um höchstens 1 °C von der reinen Wärmeleitungsanalyse ab. Ist das der Freibrief, die Konvektion in geschlossenen Gehäusen nicht zu berücksichtigen? Macht man die Gegenprobe mit verschiedenen Leistungen und damit auch bei höheren Temperaturen, ändert sich das Bild (Tab. 9.2).

Man sieht also, dass der Einfluss der Konvektion des eingeschlossenen Luftvolumens umso höher wird, je höher die Temperatur wird.

Wie kann man aber nun den Einfluss der Konvektion abschätzen, ohne sie simulationstechnisch abzubilden? Dazu gibt es analytische Berechnungsmöglichkeiten für verschiedene Arten der Konvektion (frei, erzwungen) und verschiedene Geometrien (horizontale & vertikale Platten, Zylinder, Würfel etc.) sowie Innen- und Außenströmungen. Eine gute Quelle dafür inkl. Stoffdaten ist der VDI Wärmeatlas (VDI e. V. 2013). Eine hilfreiche Größe zur Bestimmung ob Wärmeleitung oder Konvektion im Wärmeübergang dominiert, ist die Rayleigh-Zahl. Sie berechnet sich zu:

$$Ra = \frac{\beta \cdot g \cdot \Delta T \cdot L^3}{v \cdot k} \tag{9.3}$$

β Isobarer Wärmeausdehnungskoeffizient [1/K]
g Erdbeschleunigung [m/s^2]
ΔT Temperaturdifferenz [K]
L Charakteristische Länge [m]
v Kinematische Viskosität [m^2/s]
k Temperaturleitfähigkeit [m^2/s]

Für Luft nahe Raumtemperatur ergibt sich die Zahlenwertgleichung:

$$Ra = 7,505e7 \cdot \Delta T \cdot L^3 \tag{9.4}$$

Tab. 9.2 Einfluss der Leistung auf die Abbildungsgüte

Leistung (W)	1	2	5
Maximaltemperatur ohne innere Konvektion (°C)	51	82	176
Maximaltemperatur mit innerer Konvektion bei horizontaler Lage (°C)	50	81	171
Maximaltemperatur mit innerer Konvektion bei vertikaler Lage (°C)	50	78	159

Hohe Werte von Ra stehen dabei für eine Wärmeübertragung, die von der Konvektion dominiert wird, niedrige Werte für eine Wärmeübertragung primär durch Wärmeleitung. Als kritische Rayleigh-Zahl wird der Wert bezeichnet, ab dem die Wärmeübertragung primär durch die Konvektion stattfindet. Das ist bei einer begrenzten ebenen Platte mit begrenzter Dicke bei Ra = 1707 der Fall (VDI e. V., S. 766). Mit einer charakteristischen Länge von 0,0119 m (Höhe des Luftvolumens) und einem Temperaturunterschied von 10 °C (Leiterplattentemperatur Mittelwert ca. 43 °C, Lufttemperatur Mittelwert ca. 33 °C) ergibt sich für unser Raspberry-Gehäuse eine Rayleigh-Zahl von ca. 1260. Sie liegt damit unterhalb des kritischen Wertes, so dass die Vernachlässigung der Konvektion für diesen Fall zulässig ist. Ist sie das nicht, können geeignete Konvektionsrandbedingungen oder eine Strömungssimulation mit Wärmeübergang helfen (Tab. 9.3).

Tab. 9.3 Anhaltswerte für Wärmeübergangskoeffizienten, v = Betrag der Strömungsgeschwindigkeit des Fluids in m/s

Fluid	Anhaltswerte für Wärmeübergangskoeffizient [W/(m²*K)]	Quelle
Gase, ruhend	2 … 10	Herr (1989, S. 193)
Gase, strömend	$2+12^*\sqrt{v}$	Herr (1989, S. 193)
Gase und Dämpfe, freie Strömung	5 … 25	Cerbe und Hoffmann (1986, S. 312)
Gase und Dämpfe, erzwungene Strömung	12 … 120	Cerbe und Hoffmann (1986, S. 312)
Wasser, freie Strömung	70 … 700	Cerbe und Hoffmann (1986, S. 312)
Wasser, erzwungene Strömung	600 … 12.000	Cerbe und Hoffmann (1986, S. 312)
Wasser, ruhend, anMetallwand	250 … 700	Kuchling (1987, S. 522)
Wasser, strömend, an Metallwand	$350+2100^*\sqrt{v}$	Kuchling (1987, S. 522)
Wasser, siedend,an Metallwand	3500 … 5800	Kuchling (1987, S. 522)
Luft an glatten Flächen (v < 5 m/s)	5,6+4v	Kuchling (1987, S. 522)

Literatur

Cerbe G, Hoffmann H-J (1986) Einführung in die Wärmelehre, 7. Aufl. Carl Hanser, München/Wien
Herr H (1989) Wärmelehre. Europa Lehrmittel, Haan-Gruiten
Kuchling H (1987) Physik, 18. Aufl. VEB Fachbuchverlag, Leipzig
VDI e. V. (2013) VDI Wärmeatlas, 11. Aufl. Springer, Berlin/Heidelberg

Der Wert der Simulation

In diesem Buch haben wir acht Rezepte zum besseren Konstruieren anhand von konkreten Beispielen vorgestellt. Das Physics Driven Design hilft, die Anforderungen an Produkte und Prozesse – wie Qualität, Sicherheit und Effizienz – besser zu erfüllen und gleichzeitig Kosten und Entwicklungszeiten zu reduzieren. Die numerische Simulation ist unbestritten der Schlüssel für diesen Konstruktionsansatz und für jeden zugänglich. Vielleicht haben Sie die Beispiele aus den Kap. 2, 3, 4, 5, 6, 7, 8 und 9 selbst schon nachvollzogen und erkannt, wie vielfältig die Möglichkeiten der Simulation sind. Sie erkennen sicherlich auch, dass der Wert der Simulation nicht nur darin liegt, dass der Anwender selbst mehr Freude am Experimentieren hat und unabhängig von externen oder internen Experten fundierte Designentscheidungen treffen kann, sondern dass für das gesamte Unternehmen durch die Simulation ungenutztes Potenzial erschlossen werden kann und noch viel mehr erlaubt, als in diesem Buch bislang dargestellt werden konnte. Für den Konstrukteur stellt sich die Frage, welche Themen in Zukunft im Fokus des Konstruktionsprozesses stehen.

Im erweiterten Umfeld des Konstrukteurs gibt es vier Dimensionen. Zum einen die künftigen Technologien, dann die benötigten Experten und deren Fähigkeiten, die Digitalisierung und die Vernetzung der entwickelten Systeme und die Normen und Umweltaspekte, welche in der Entwicklung eine immer wichtigere Rolle spielen.

Im Arbeitsumfeld des Konstrukteurs sehen wir nachfolgende Themen, welche für das Arbeiten und die Konstruktionsausführungen einen entscheiden Einfluss haben werden. Aus der Digital Engineering Prognose (Cooch 2018), welche im Januar 2018 veröffentlich wurde, können wir folgende drei relevanten Themen für die Konstruktion entnehmen:

- Topologieoptimierung der Bauteile & additive Fertigungsverfahren
- Bestehende und neue Materialien gezielter einsetzten
- Die Simulation entlang des ganzen Produktlebenszyklus nutzen

© Springer-Verlag GmbH Deutschland, ein Teil von Springer Nature 2020
M. Brand et al., *Physik begreifen – besser konstruieren*,
https://doi.org/10.1007/978-3-662-60824-1_10

Die Topologieoptimierung dient als Basis, um neue Geometrien innerhalb eines vorgegebenen Bauraumes zu finden. Die von der Software gefundenen Strukturen, welche an die Natur und den Leichtbau angelehnt sind, können mittels additiven Fertigungsverfahren umgesetzt werden. Die Qualität des Herstellprozesses, wie thermischer Verzug oder Eigenspannungen, lässt sich ebenfalls mittels Simulation vorhersagen. Die neuen Möglichkeiten werden sich auch auf die Ausbildung und die Lehre auswirken. In der Konstruktion und Fertigungstechnik wird heute noch immer zu großen Teilen subtraktiv gelehrt. Subtraktive Fertigungsverfahren sind konventionelle Fertigungsverfahren wie Fräsen und Drehen. Die Verfahren werden weiterentwickelt und haben eine nach wie vor große Bedeutung in der Fertigung. Die additiven Verfahren können komplementär zu den klassischen Fertigungsverfahren genutzt werden.

Es geht nicht nur darum, ein für den Prozess geeignetes Design zu finden, sondern auch die richtigen Materialen auszuwählen. Umfassende Datenbanken helfen den Unternehmen, das Thema Material in den Griff zu kriegen. Die Funktionserfüllung ist bei konstruktiven Entwicklungsaufgaben das oberste Ziel, bei gleichzeitiger Produzierbarkeit in der geforderten Genauigkeit und Stückzahlen zum geforderten Preis. Nicht nur die Gestaltung, sondern auch das Material und das Verfahren haben einen wesentlichen Einfluss auf die Bauteileigenschaften. Die Materialauswahl wird im industriellen Umfeld vielfach basierend auf Erfahrungen realisiert. Wie bei der erfahrungsbasierten Konstruktion bleibt das Potenzial der wissensbasierten Entscheidung ungenutzt. Es bedeutet in der Regel einen Zeitaufwand, um die benötigten Daten eines Materials nicht nur für ein physikalisches Modell, sondern für alle beteiligten Instanzen, wie den Einkauf und die Produktion in einer Firma zu bekommen. Die Frage ist konkret, wie die Firmen ihren Experten die benötigten Materialdaten zur Verfügung stellen können. Gute Datenbanken stellen diese Daten prozessgesichert unternehmensweit allen Beteiligten zur Verfügung. Damit wird bestehendes Wissen strukturiert und gewinnbringend eingesetzt und erlaubt bei der Materialwahl eine wissensbasierte Entscheidung.

Eine simulationsgestützte Produktentwicklung bietet die Chance, anhand eines vertieften Verständnisses von physikalischen Zusammenhängen, neue, innovative Produkte zu gestalten, oder Produktionsverfahren wie die additive Fertigung zu nutzen, um einen technologischen Vorsprung und eine wettbewerbsfähige Marktposition zu erarbeiten. Mehr noch, die geleistete Arbeit in der Entwicklung kann weiterführend genutzt werden, so dass den Kunden ganz neue Geschäftsmodelle angeboten werden können. Ein gutes Beispiel ist, wie schon in der Einleitung erwähnt, die physikbasierte prädikative Wartung als zeitgemäßes Service-Konzept. Ressourcen können dadurch geschont werden. Komponenten können damit nur bei Bedarf ersetzt werden. Das traditionelle Servicegeschäft, im Gegensatz dazu, ersetzt bei jeder Wartung Teile, die noch längst nicht an ihrem Lebensende angekommen sind. In anderen Worten, die Simulation ermöglich nicht nur bessere Produkte, sondern ganze neue Geschäftsmodelle. Wir stellen fest, dass viele Firmen am Anfang stehen und der Wunsch zwar da ist, neue digitale Angebote zu schaffen, aber das ganze Zusammenspiel aus bestehender Produktlandschaft, Entwicklungsressourcen und möglichem neuen Kundennutzen noch nicht klar fassbar ist. Bevor die Simulation im Bereich

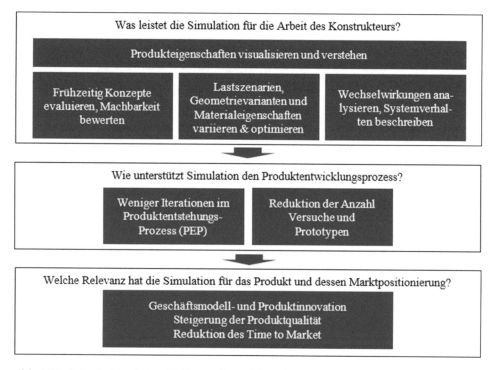

Abb. 10.1 Was die Simulation für Unternehmen leisten kann

der prädiktiven Wartung eingesetzt werden kann, bedarf es einer nicht zu unterschätzenden Vorarbeit. Dieser Prozess ist in der Regel nur mit einem Partner zu schaffen der die konkrete Umsetzung in Industrieprojekten kennt. Auch das ist ein Angebot von CADFEM zusammen mit Experten aus Management, Marketing, Entwicklung und Programmierung diesen Weg mit Workshops zu beschreiten.

Nachfolgende Abb. 10.1 fasst zusammen, was die Simulation leisten kann.

10.1 Über CADFEM

CADFEM ein Systemlieferant, ein Ingenieurdienstleister sowie ein Bildungsanbieter. Gemäß unserem Slogan „Simulation ist mehr als Software" kombinieren wir Produkte, Dienstleistungen und Know-how zu maßgeschneiderten Lösungen. Unsere Kunden erhalten alles, was für den Erfolg der Simulation entscheidend ist, aus einer Hand: führende Software- und IT-Lösungen, Beratungsleistungen, Programmierung, Support, Engineering und Wissenstransfer. Und das alles weltweit als CADFEM Group mit den anerkannten Qualitätsstandards von CADFEM. Der Gedanke des „mehr Erreichens durch Partnerschaft" prägt auch unsere Kundenbeziehung. Wir wollen auf Augenhöhe mit Ihnen gemeinsam Lösungen erarbeiten und unternehmerische Ziele erreichen.

CADFEM – weil Simulation mehr ist als Software

Literatur

Cooch J (2018) 5 Engineering technologies to focus on in the next 5 years. https://www.digitalen-gineering247.com/article/forward-thinking/. Zugegriffen am 15.08.2019

Printed in the United States
By Bookmasters